①キアシツメトゲブユの雌成虫

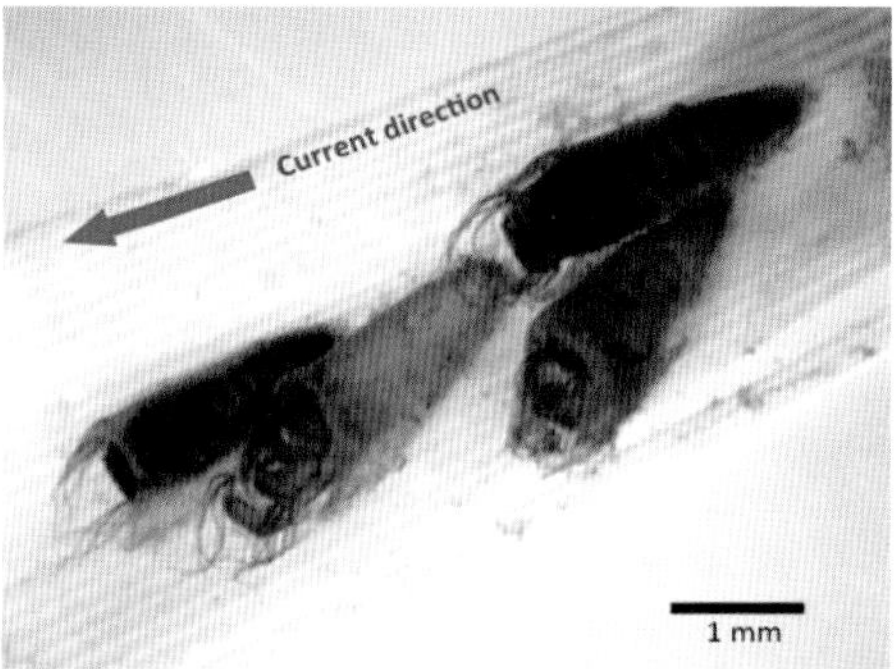

②葉上に編まれたブユの繭とそのなかの蛹（手前の２個体は成虫羽化後の抜け殻）

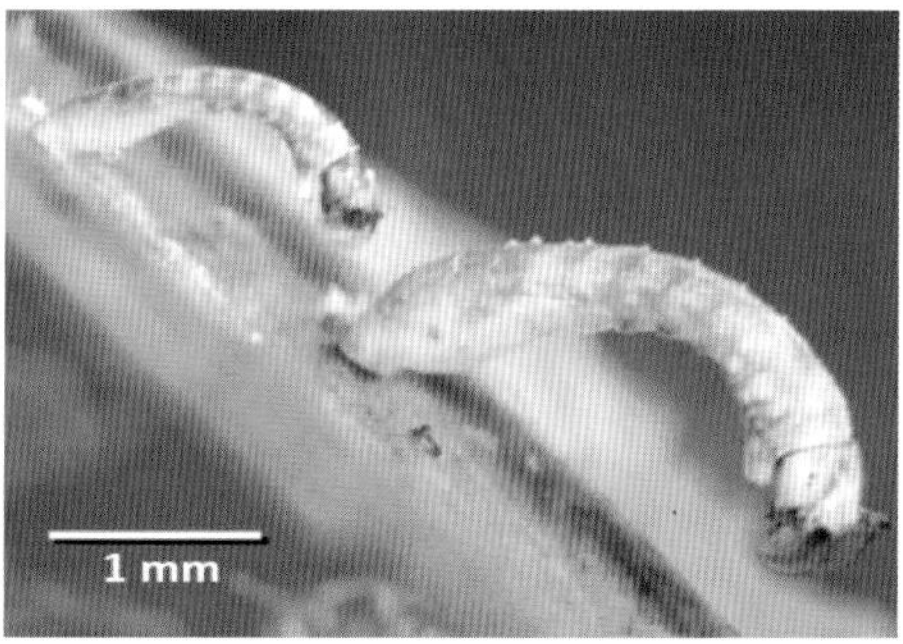

③腹部末端の擬脚吸盤を用いて茎に付着しているブユの幼虫

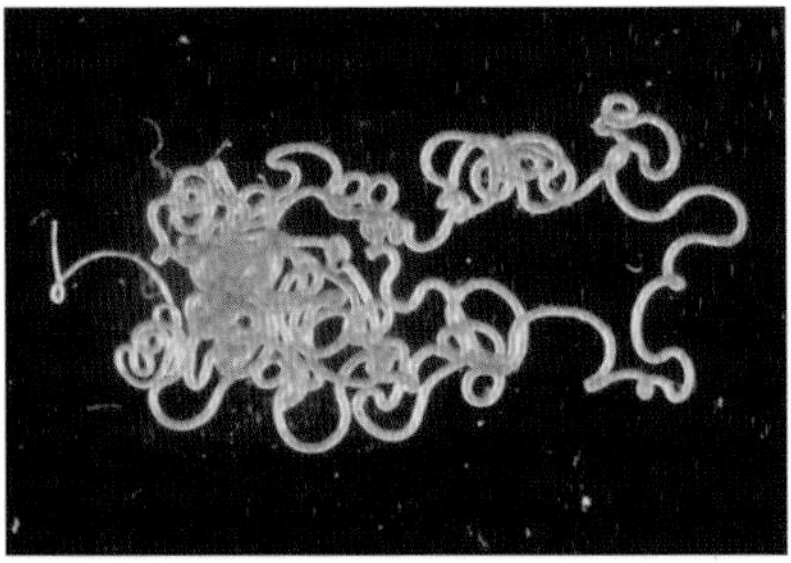

④感染者の腫瘤から摘出したOnchocerca volvulusの雌成虫

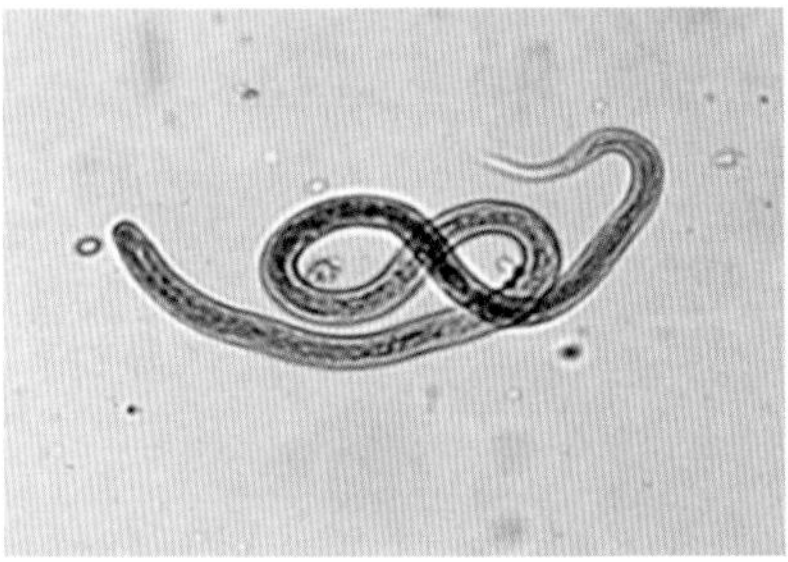

⑤感染者の皮膚組織から遊出したOnchocerca volvulusの仔虫

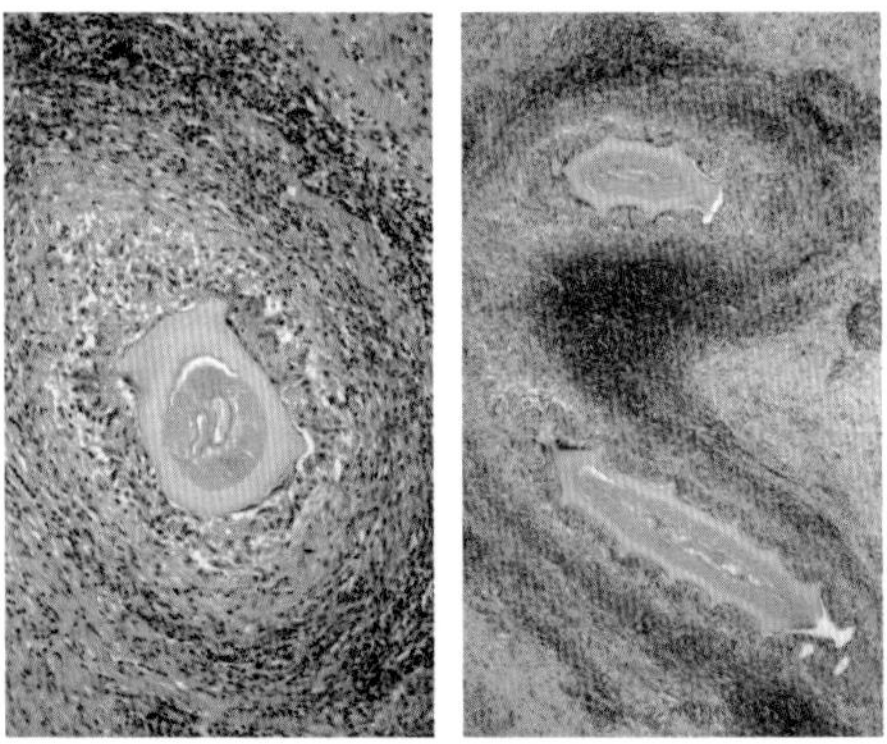

⑥感染者の腫瘤の病理組織標本中のOnchocerca japonicaの雌成虫の断面像
（左：横断像、右：斜断像）

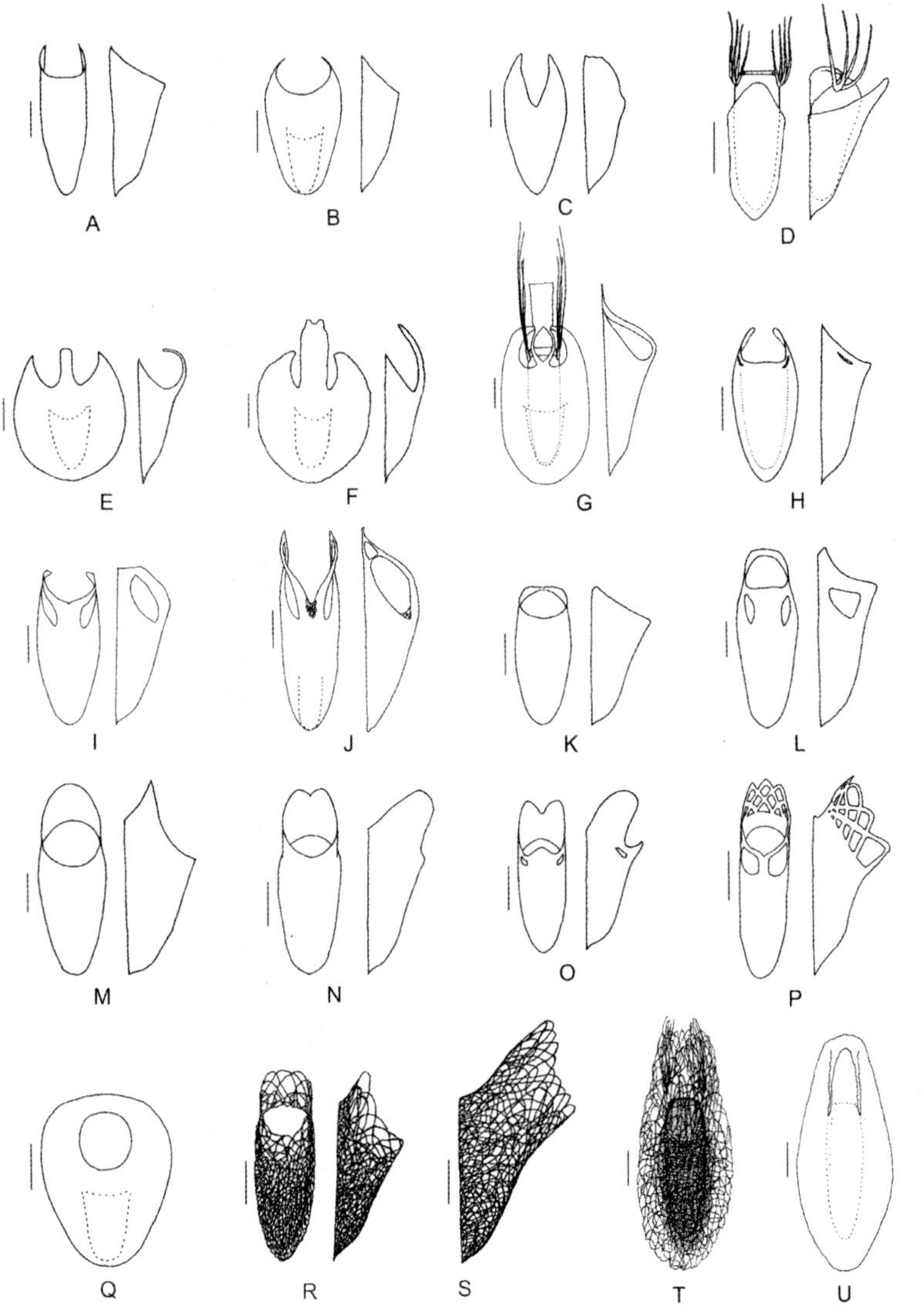

図1　東洋区のブユにみられる繭の多様な形（高岡（2015）より引用）. スケール：1.0 mm.

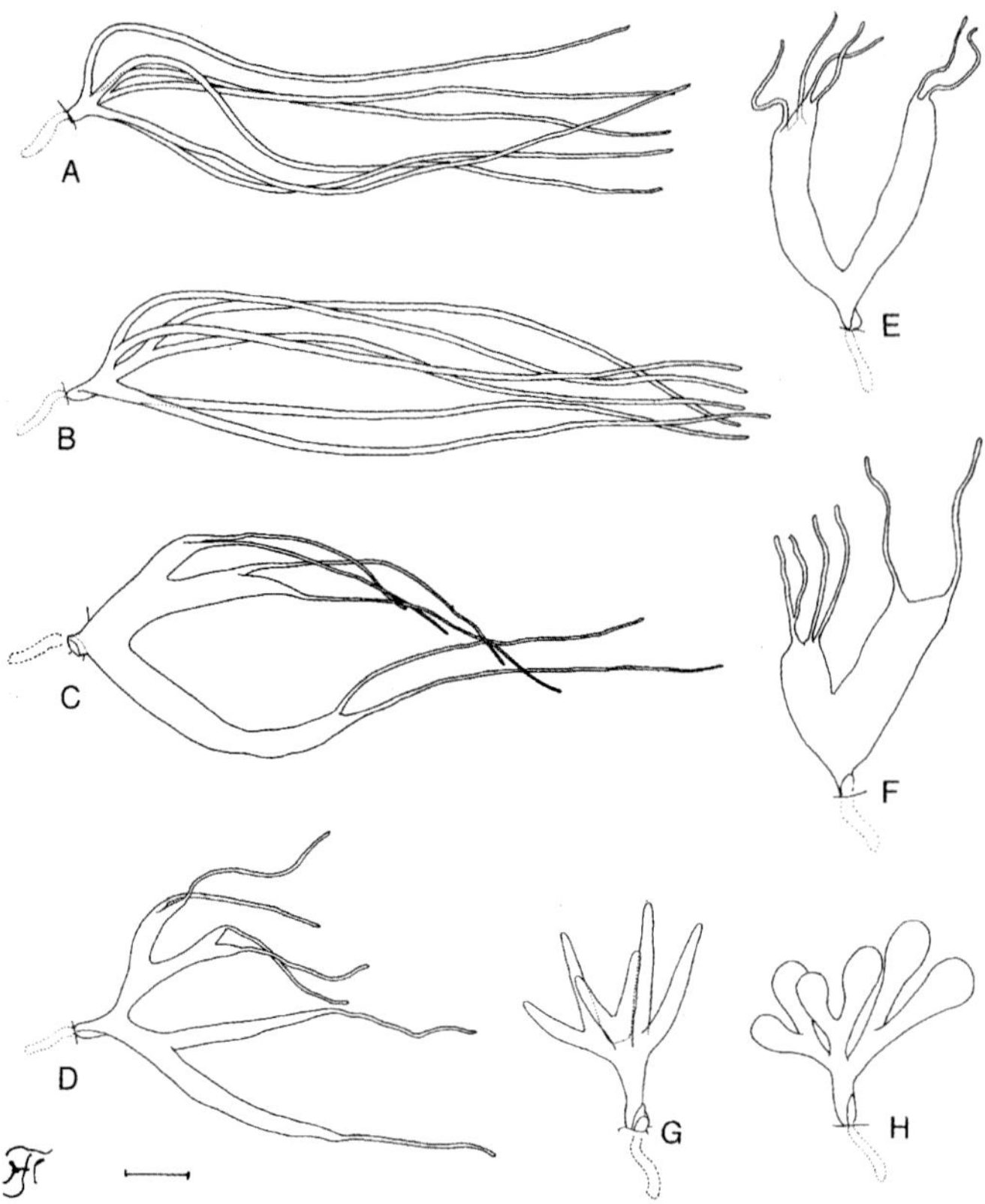

図2　フィリピンに分布する Gomphostilbia 亜属の S. banauense 種群 8 種の多様な蛹の呼吸器官（Takaoka (1983) から引用）. スケール：0.3 mm.

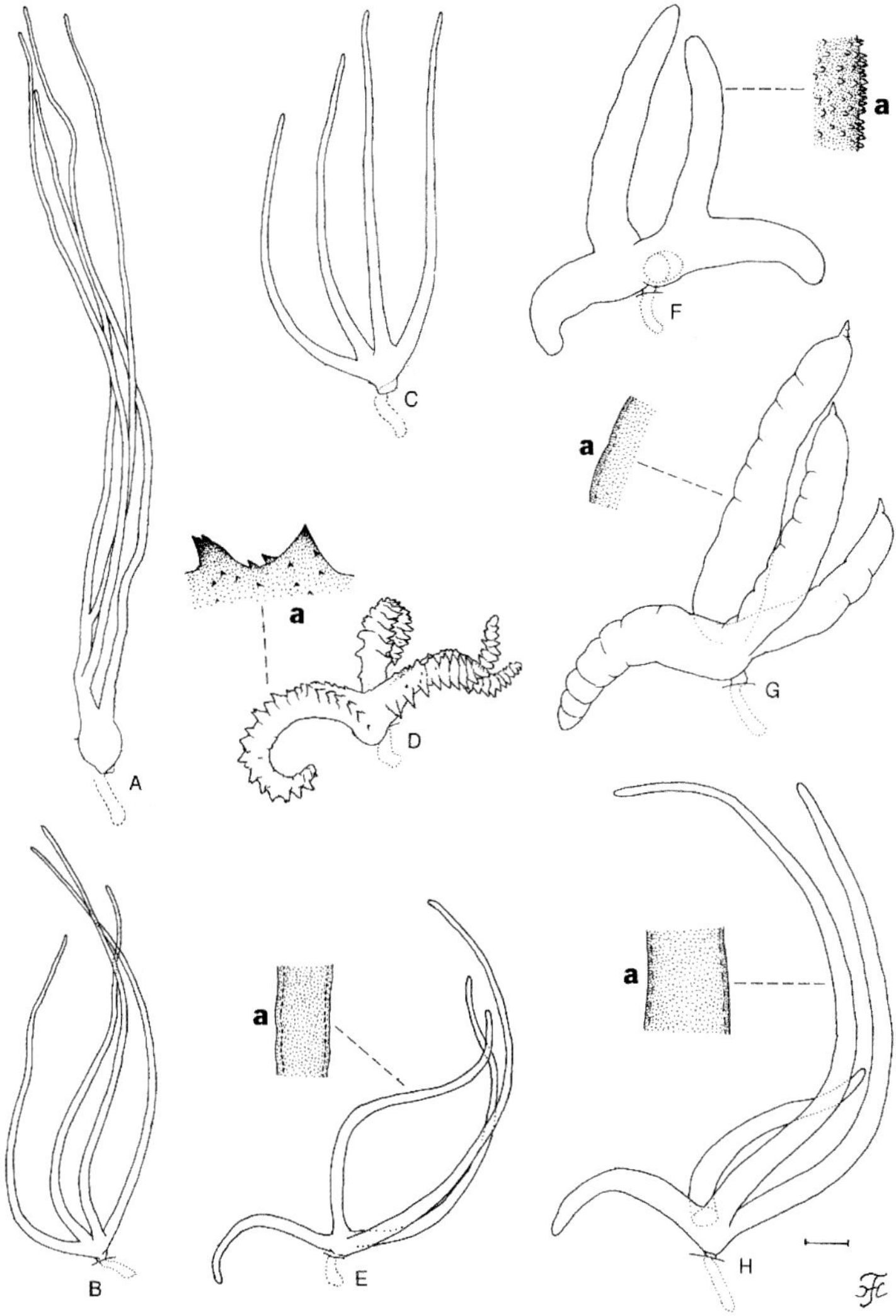

図３　フィリピンに分布する Wallacellum 亜属８種の多様な蛹の呼吸器官（Takaoka (1983) を改変）. スケール：0.2 mm.

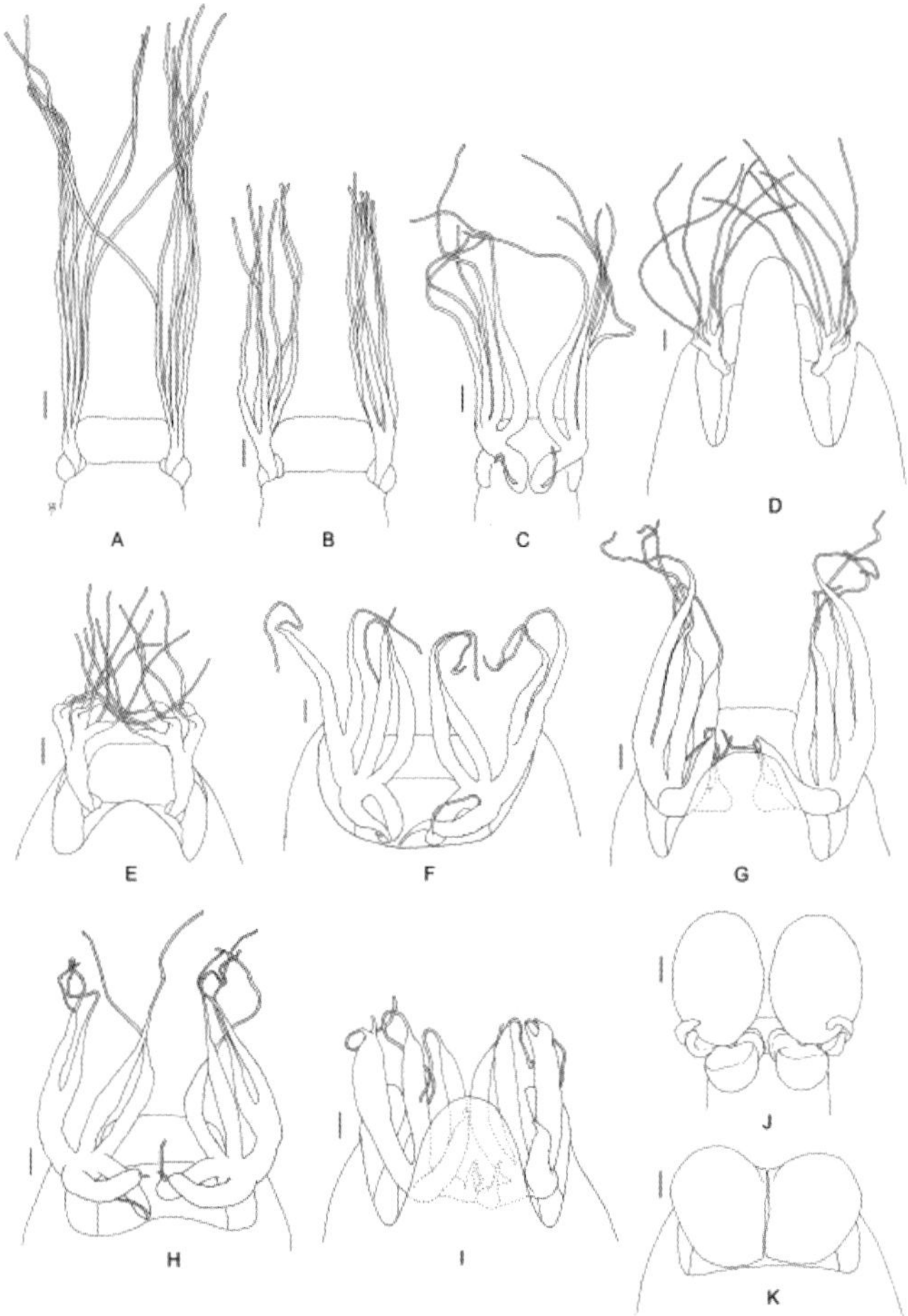

図4　インドネシアのスラウェシ島に分布する Simulium 亜属の S. variegatum 種群 11 種の多様な蛹の呼吸器官（Takaoka (2003) から引用）. スケール：0.2 mm.

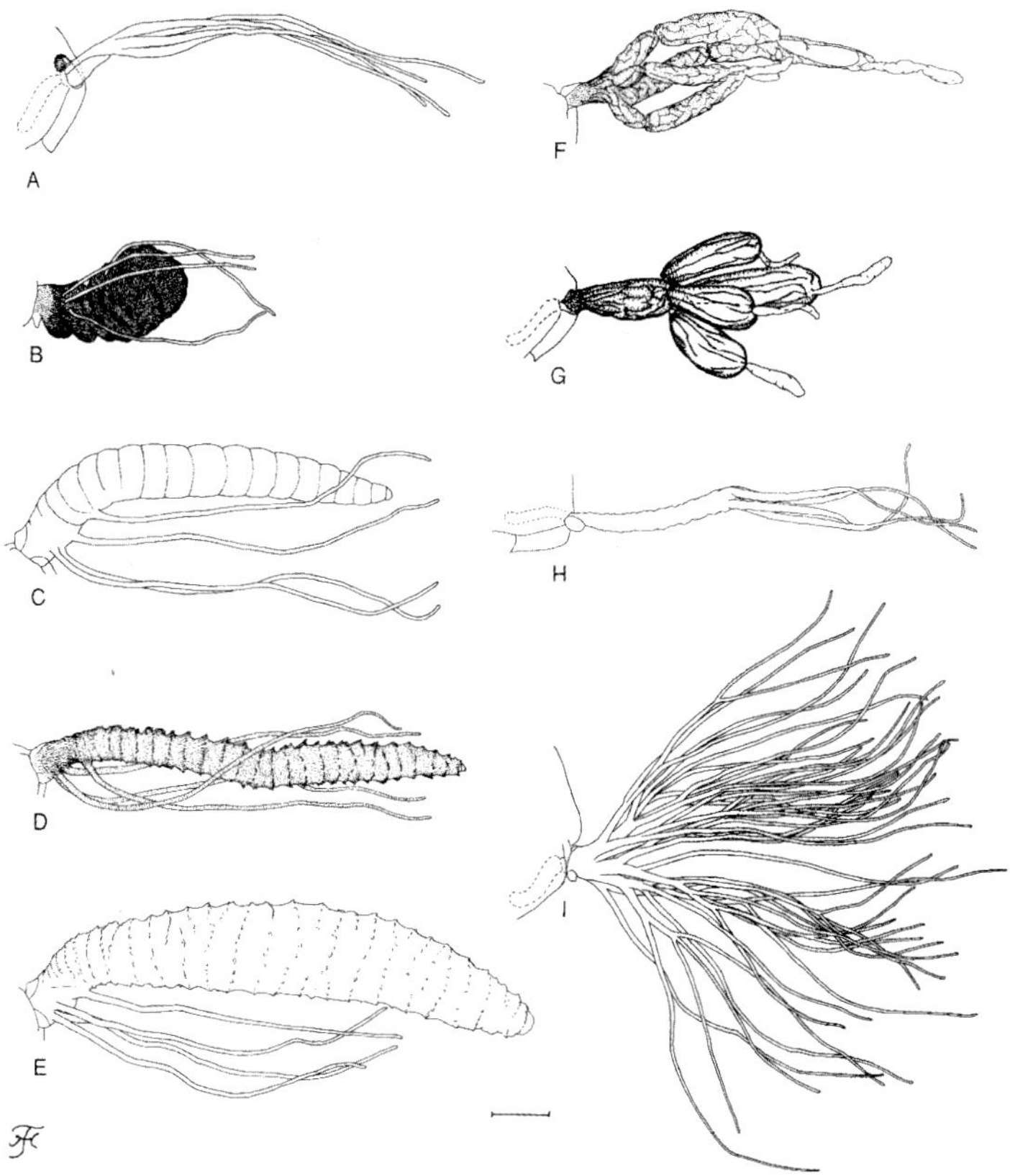

図５　インドネシアのイリアンジャヤに分布するMorops亜属の４種群９種の多様な蛹の呼吸器官（A: S. clathrinum種群；B～E: S. farciminis種群；F～H: S. oculatum種群；I: S. papuense 種群）（Takaoka (2003) から引用）. スケール：0.2 mm.

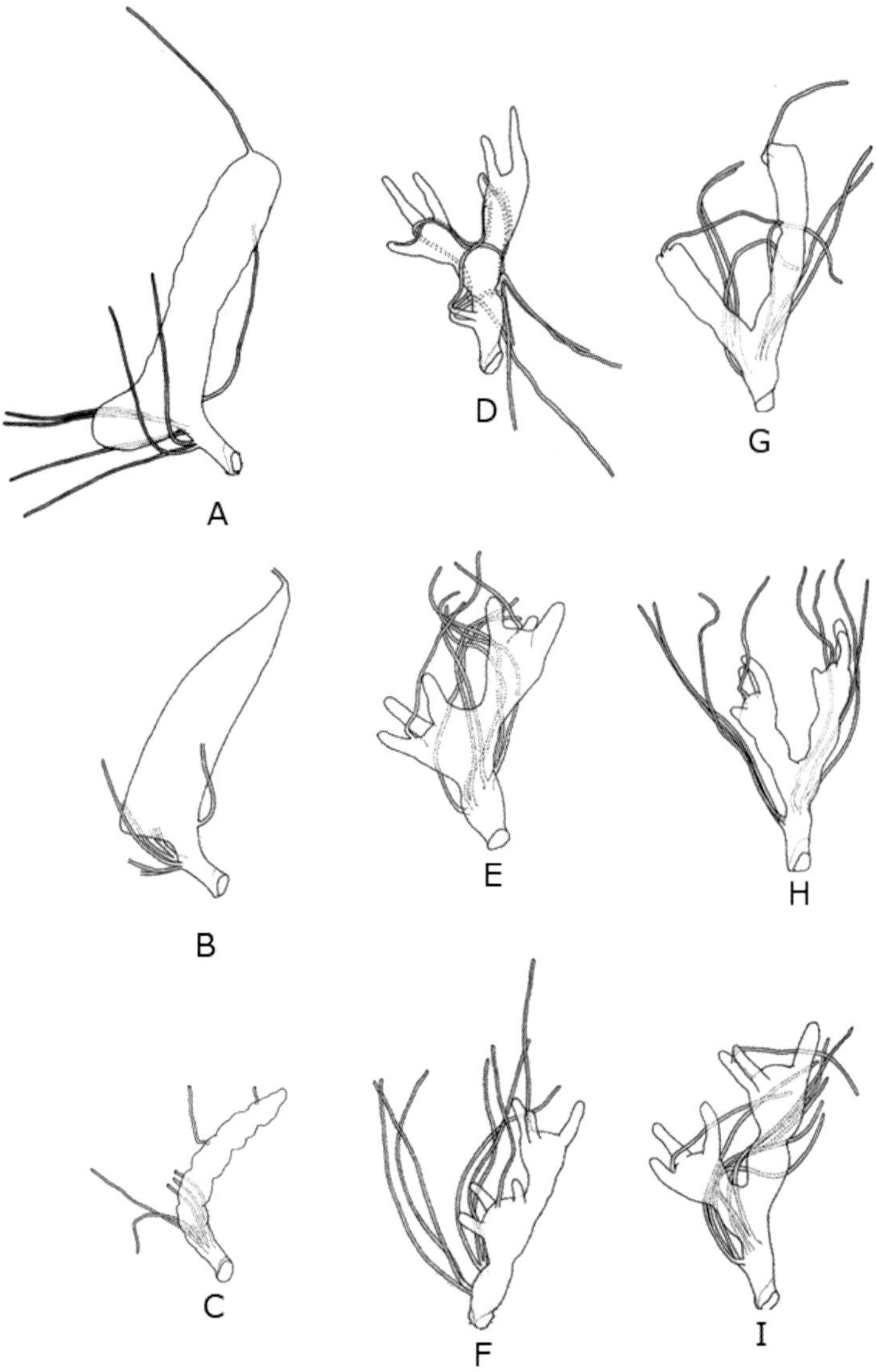

図6　東洋区に分布するGomphostilbia亜属のS. gombakense種群9種の多様な蛹の呼吸器官（高岡（2015）から引用）.

高岡宏行

吸血昆虫ブユの不思議な世界

謎めいた新種の発見と新興寄生虫感染症の解明

明石書店

はじめに

思わぬ縁からブユという吸血性小昆虫の研究を始めて早や50年。時と人の運に恵まれながら夢中で駆けてきた。この本は、今は年老いた一介の医動物学研究者が、この節目の年に、ライフワークともなったブユ研究の歩みを記憶の薄れる前に書き留めておきたいとの思いから、折々に体験したエピソードを交えながら綴ったものである。

内容は、中南米におけるブユが媒介するオンコセルカ症（回旋糸状虫症ともいう）という病気の研究や制圧対策を目的とした学術調査や国際医療協力プロジェクト、ブユが媒介する人獣共通オンコセルカ症患者の日本（アジア）での初めての発見とその病原体や媒介ブユ種の解明、これに関連したタイにおける人獣共通オンコセルカ症の予知的研究、さらに、これまで誰も手がけなかった熱帯アジアのブユ相（熱帯アジアに分布するブユの全種類）の探究を中心にしたもので、熱帯寄生虫学や衛生動物学分野の研究者を除けば、我が国ではあまり注目されなかった研究課題だ。しかし、我が国でこれまで顧みられなかった研究でも、世界的にみれば重要で意義のあるものも多い。

ブユの研究を始めるきっかけとなった大先達との出会い、初心者としての試行錯誤、国内外の野外調査の醍醐味、多彩な新種ブユの発見と驚き、そして数々の失敗も、どれも私の心に残る。

人の目を惹く美しい蝶や甲虫とちがい、ブユは地味で目立たない小昆虫の一つだ。そんなブユでも顕微鏡で覗いてみると、そこには肉眼では見えない未知の魅力的な世界が拡がる。

人の病気との関わりも含めそんなブユの世界とそれに向きあってきた研究者の姿がうまく伝われば幸いである。

2020年5月1日

高岡宏行

目次

第一章　研究のあらまし

1　ライフワークとしてのブユ研究

私は１９７０年以来、すでに50年間もブユの研究に携わっている。はじめの10年を鹿児島大学医学部、次の30年を大分医科大学（のちに大分大学と統合）、そして定年退職後の８年を東南アジアの熱帯の国、マレーシアのマラヤ大学の理学部生物科学研究所（7年）と熱帯感染症研究教育センター（１年）に籍をおき、ブユの研究に従事した。２０１８年11月に帰国し無職となった後も、課題はつきず、細々とではあるが研究を続けている。

長ければいいというものでもないが、また、注目されるかどうかやすぐに役に立つかどうかは別として、生涯一番時間をかけて系統的に取り組んできたものをライフワークと呼ぶならば、私の場合は、ブユの研究となる。

大学医学部の基礎研究は、研究課題も幅広く、手法も最先端から従来の地道なものまでさまざまだ。そこに勤める研究者にとって自分の研究を理解してもらうことは大切だ。しかし、私の場合、ほかの人から「どんな研究を?」と聞かれ、「ブユを研究しています」と応えても、「ブユとはなんですか?」とさらに聞かれる場合が多い。それほどブユの認知度は低い。そこで、「こういう昆虫で医学との関係もありますよ」と説明しようとしても、口頭ではなかなか理解してもらえるのはむずかしい。

教科書的には、次のように説明される。

「ブユは、成虫(口絵写真①)が頭、胸、腹の3部に分かれ、胸部に3対の脚と1対の翅をもち、体長が1・6〜6・0㎜の小昆虫で、分類学上ではハエ目ブユ科に属する。幼虫と蛹(口絵写真②③)は流水に生息し、大部分の種類の雌成虫は哺乳動物や鳥から吸血する。一部の種は人や家畜を吸血し、吸血の被害だけでなく寄生虫の媒介もするため、医学あるいは獣医学上重要な問題となる」。

ようするに、ブユは2対の翅のうち後ろの1対が退化したハエの仲間で、蚊のように雌成虫が吸血する衛生害虫ということだ。同じくハエ目に属し、吸血性のヌカカや、吸血はしないが、眼の前を飛びまわるメマトイとよく混同される。ブユの成虫の頭部にある触角が11節(まれに9節や10節)からなり、短い棍棒あるいは葉巻状をしているので他の吸血昆虫とは容易に区別される。(ブユの形態について興味のある方は巻末の参考文献1を参照していただきたい)。

吸血昆虫でも、同じハエ目の蚊は日本でも世界でも知らない人はいないくらい知名度が高い。しかし、蚊とは異なり、ブユの知名度はお世辞にも高いとはいえない。それは、生態や病原体の媒介の度合いが桁違いに異なることによる。ブユは蚊と同じく熱帯から寒帯まで世界的に分布するが、汚染されていない流水にしか生息できない。雌成虫の活動は昼間に限られ、一般に家屋内まで侵入して人を吸血することはない。また、蚊が黄熱ウイルスやデング熱ウイルス、西ナイル熱ウイルス、マラリア原虫やリンパ系糸状虫（フィラリアともいう）など人に致命的なあるいは重篤な症状を引き起こす種々の病原体を媒介するのに対して、ブユが媒介する人の病気は少なく、なかでも命にかかわるウイルスを媒介することがほとんどないからだ。

しかし、この知名度の低いブユも日本から遠く離れたアフリカと中南米では注目される存在であった。ブユが媒介する代表的な疾患は、一般的にいう糸状虫症（フィラリア症）の一つで、腫瘤形成、皮膚疾患、眼疾患を主症状とする「オンコセルカ症 onchocerciasis」という風土病だが、その流行地がアフリカと中南米に広く分布しているからだ（本症については参考文献2～4に詳述）。

起因種は Onchocerca volvulus（Leuckart, 1893）（学名：Onchocerca は属名で volvulus は種小名、Leuckart は命名者、1893は発表年。以下命名者と発表年を省略し、O. volvulus と属名も略して表記）という糸状虫だ。雌成虫（口絵写真④）（体長約30㎝、体幅約0・2㎜）は皮下に形成される腫瘤のなかに棲み、雄と交尾後に体長約0・2㎜の無数の仔虫（口絵写真⑤）を産みだす。仔虫は皮膚内を移動し、眼球にも侵入するので痒みや萎縮などの皮膚症状と失明を含めた眼症状を引きおこす。

この寄生虫の媒介者がブユであることを初めて報告したのは、英国リバプール大学の D. B. Blacklock 教授だ。1926年にさかのぼる。「感染者の皮膚中の仔虫はブユの吸血の際に摂取され、約1週間かけて感染幼虫まで育ち、その後の吸血で別の人に感染する」ことをアフリカの Simulium damnosum（属名 Simulium は、以下登場するブユ種で S. と略記）というブユ種で初めて明らかにした。

なぜ蚊でなくブユなのか？　これは両者の雌成虫の口器の構造と吸血方法のちがいによる。蚊は長い口器をもち、注射針様の口器の一部を直接皮膚中の血管に差しこんで吸血する（capillary feeding という）ので、血管外の組織にいる仔虫を取りこむことはできない。一方、ブユでは口器は短く、先端の両側が鋸歯状をした大顎を使って皮膚を切り裂き、滲んできた血液を吸い上げる（pool feeding という）。この際、皮膚組織中の仔虫も一緒に取りこまれる。

私がブユの研究をはじめた1970年代初期には、この疾患の感染者が1800万人ともいわれ、治療薬もなかった。失明を伴うこの疾患は、アフリカでは「河川盲目症 river blindness」ともいわれる。それはブユの生息する河川の流域が本症の流行地と重なり、そこに多くの失明した感染者がみられるからだ。この疾患は、感染者の健康問題だけでなく、肥沃な河川流域の地域開発を妨げていることから、医学上だけでなく社会経済的な問題でもあったのだ。

1970年代初期は、このような観点から、世界保健機関や世界銀行、国連食糧農業機関などの国際機関が中心となって、西アフリカのボルタ川流域の広大な流行地で媒介ブユ種の駆除による「オンコセルカ症制圧プロジェクト」が開始されたばかりの時だ。

2　三つの研究課題と成果

私の最初の研究課題は、このオンコセルカ症の伝播の研究、特に中南米の流行地における媒介ブユの研究であった。それぞれの流行地でどのようなブユ種が本症の病原体 O. volvulus をどのようにして人から人へ媒介しているのか、すなわち伝播の仕組みを解明し、病気の撲滅や予防対策に役立てることが目的だ。

二つ目は、新興感染症としての「人獣共通オンコセルカ症 zoonotic onchocerciasis」とその伝播の研究だ。これは、一つ目と似ているが、人にだけ寄生する *O. volvulus* とは異なり、元来人以外の哺乳動物に寄生しているオンコセルカ種が病原体となり人に偶然感染して起きる疾患だ。1987年に、我が国で第1例目となる人体感染が大分で見つかった。これを契機にこの研究を始めた。具体的には、感染者から摘出したオンコセルカ虫体の種の同定、野外で採集した雌成虫の解剖や室内感染実験による媒介ブユ種の探索、家畜や野生動物におけるオンコセルカ種の寄生状況調査だ。タイの人吸血性ブユ種の媒介能についても、将来の同様な疾患の発生を見越した「予知的研究」として検討した。

三つ目の研究課題は、当時まだよくわかっていなかった熱帯アジアのブユ相の解明だ。機会を見つけては東南アジア各国を訪ね、ブユを採集した。このようにして自ら集めた標本とほかの研究者から送られてきた標本をもとに分類学的研究を行ってきた。

重要なのは、どれもほかの研究者と協力したり分担したりして行う共同研究ということだ。

この三つの課題のうち、中南米におけるオンコセルカ症媒介者としてのブユの研究では、幸い、1975年に始まった日本国際協力事業団（JICA）の日本—グアテマラ二国間医療協力プロジェクト「グアテマラにおけるオンコセルカ症対策研究」の派遣専門家として、1978年から1年半、中米のグアテマラに滞在し、主媒介ブユ種 *S. ochraceum* の生態研究や媒介ブユ種幼虫に対する殺虫剤 temephos を用いた本症の制圧対策に従事することができた。

さらに、1982年から1987年にかけて、文部科学省科学研究費助成による国際学術調査「南米型および中米型のオンコセルカ症とその伝播機構の比較研究」に加わり、中米グアテマラのほか南米のベネズエラとエクアドルの流行地でも媒介ブユの調査を行う機会を得た。

グアテマラでは、主媒介種であるS. ochraceum雌成虫の人への吸血活動の季節消長パターンがブユ幼虫の発生源となる水系のちがいによって一つの流行地内であっても大きく異なり、感染の時期に影響を及ぼすこと、S. ochraceumの雌体内でのO. volvulus幼虫の発育と気温との関係を実験室で調べ、幼虫の発育臨界温度が摂氏約17度であること、これ以下の温度では幼虫の発育が止まり、またこれ以上では温度が上がると幼虫発育期間が短くなるが、28度でブユの死亡率が高くなること、などを明らかにし、この国の流行地が５００～１０００ｍの中標高に分布する理由を考察した。さらS. haematopotumというブユ種がグアテマラにおける新たな媒介可能種であることも感染実験により証明した。ベネズエラ南部アマゾナス州のパリマ山地の流行地では野外採集ブユの解剖と感染実験の結果から、S. guianenseが媒介ブユ種であることを初めて決定することができた。

国内の人獣共通オンコセルカ症の研究では、同様な人体感染は大分だけでなく、本州の中国地方、関西地方、東北地方でも報告され、本症が広い範囲に分布していることが明らかになった。現在12例を数える。これら人体感染症例の病原体は、当初は牛寄生性のO. gutturosaではないかと推測していたが、その後の病理標本中の寄生虫断面像の詳細な形態観察とＤＮＡ解析および野生動物の組織寄生性糸状虫検索により、イノシシに寄生する新種O. japonica（口絵写真⑥）であることが判明した。また媒介ブユ種は、野外捕集ブユ雌成虫から見出した糸状虫幼虫の形態観察とＤＮＡ解析および感染実験によって、キアシツメトゲブユS. bidentatum（口絵写真①）であることがわかった。さらに、牛、ニホンジカ、ニホンカモシカのオンコセルカ感染状況も調べ、我が国では O. eberhardi と O. takaokai の2新種を含め9種のオンコセルカの分布が判明した。同時に、これらのうち6種のオンコセルカの媒介可能ブユ種も明らかになった。このようにして、本症の伝播の仕組みを解明し、感染の予測まで行えるようになり、本症を「新興寄生虫感染症」として位置づけることができた。

これに関連したタイにおける予知的研究では、2000年に人や水牛を囮として捕集したブユの調査で、3種のブユが各々異なる動物寄生性糸状虫種を媒介していることを明らかにした。このうち、S. nodosum というブユ種が媒介しているのはオンコセルカ種である。

2020年には、このオンコセルカ種と思われる種が S. nigrogilvum からも見つかり、私たちが1990年に我が国の牛から報告した O. sp. type I と同じ遺伝子配列をもっていることがわかった。この寄生虫のタイにおける宿主動物についての検討はこれからであるが、ブユが媒介するオンコセルカ種の人への感染リスクの可能性をタイにおいても示すことができた。

熱帯アジアのブユ相の解明のために、1970年代に南西諸島、フィリピン、台湾、1990年代にインドネシア、マレーシア、2000年代にタイ、フィリピン、ミャンマー、ブータン、2010年代にマレーシア、ネパールやベトナムにおいて調査を実施してきた。まだ、ラオスやカンボジアが未調査だ。これまで記載したブユの新種の総数は510種だが、このうち大部分の480種は熱帯アジアで採集したものだ。

東洋区のブユ相も1970年の80種から2019年の581種に増えた。これらはブユ Simulium 属の Asiosimulium、Daviesellum および Wallacellum の3新亜属を含む10亜属に分類される。ただ、大多数はアシマダラブユ Simulium とナンヨウブユ Gomphostilbia の2亜属に含まれる。この二つの亜属は多様な系統の種を含んでおり、それを反映できるように検討を重ね、亜属の下に「種群 species group」の創設や改定など、分類の体系化を試みてきた。現在、アシマダラブユ亜属で20種群、ナンヨウブユ亜属で10種群を数える（東洋区のブユ相については参考文献5に詳述）。

このように東洋区のブユ相は、その全貌が見えはじめ、他の動物地理区のブユ相との比較がやっと可能になったところである。種類数では旧北区に次いで2番目の多さだ。東洋区のブユ相は最も特殊化の進んだブユ属のみでオオブユ Prosimulium 属などの古い系統は見つかっておらず、六つの動物地理区のなかで最も成り立ちが若い。さらに、種群当たりの種数の平均が15ときわめて多く、種分化がもっとも著しい区ともいえる。亜属レベルでは、汎世界的な広分布域性のもの、旧北区由来のもの、東洋区固有のものなど、多様な系統が含まれる。また地理的分布では、大陸型、亜大陸型、島嶼型など系統別に様々なパターンがみられる。形態、特に繭や蛹の呼吸器官の多様性には目を見張るものがある（図1〜6に例示）。他の区のブユには見られないような新奇な形態形質も見つかっている。

第二章　ブユに出会うまで

　このように私のライフワークの対象になったブユであるが、以下に述べるように、出会った人と過ごした時代の両方の運に恵まれていなければ、ブユを研究することも、ブユ研究を通じて国内外で多くの貴重な経験をすることもなかったであろう。私の人生はまったく別のものになっていたかもしれない。

　日々の積み重ねにより何かを遣りとげた人にしか見えない「特別な景色」があるとすれば、私の場合は、前に紹介した三つの研究課題に取り組んでいる最中に、少しずつ姿を現してきた「ブユの世界（実際私が見てきたのはそのほんの一部に過ぎないかもしれないが）」がそうかもしれない。しかし、どこかで一歩踏みちがえていれば、この景色も別のものになっていただろう。あるいはそんな景色など見ることもなく終わったかもしれない。

　ブユの研究に直接の関係はないが、私の生い立ちのことも少し語っておきたい。

1　生い立ち

私は、日本が第二次世界大戦に敗れた年の1945年1月1日に、熊本県北部の菊池郡河原村（のちに菊池市の一部となる）で生まれた。阿蘇山の外輪山の西に連なる鞍岳を西側から望む山間部にある農村だ。

当時、集落の家々はまだ茅葺きだった。家族構成は、両親（高岡素行、孝）、祖父母（為広、イツ）、子ども3人（圭子、宏行、伸行）。祖父は元教師で、すでに定年を迎え自宅で書道を嗜む毎日。故障しがちのラジオから流れてくる大相撲の実況を聞くのを楽しみとしていた。

両親も教師をしていた。父はいわゆる文武両道の人だった。身体能力に優れ、特に剣道では後に範士の称号を授かるほどに極め、指導者としては監督として率いたチームが全国少年錬成大会で二度も優勝し、また菊池郡市の剣道連盟の理事長として一隆盛期を築き、剣道の普及とそれを通じた青少年の人材育成にも尽力していた。一方では、祖父譲りの書家で、菊池郡市の書写研究会会長としてその発展にも努めた。盆栽、囲碁に釣り（投網も）、メジロをはじめ幾種類もの小鳥の飼育など、趣味も多彩だ。私たち子どもにとっては頼もしい存在であった。

母は私を出産した後教師を辞め、祖母とともに稲作や養蚕など農業に従事し、戦後の厳しい状況のなかで生計を支えていた。いわゆる兼業農家で、ほぼ自給自足の暮らしだった。味噌、コンニャク、納豆などは手作りで、布も蚕の繭から糸を紡ぎ、機で織っていた。どの農家でも鶏を飼い、その卵は蛋白源として貴重だった。母は山羊や羊も飼いはじめて、毎朝山羊のミルクを私たち子どもに飲ませてくれた。栄養不足を心配してのことだったと思う。また、羊の毛を刈りとり、糸を紡いでセーターや手袋を編んでくれた。耳や手足の指の凍傷に悩まされた、厳しかった冬が思い出される。今でも寒さには弱い。北より南に自然と足が向くのは、幼い頃のこの体験が影響しているのかもしれない。

現在は、母と私以外はすでに他界してしまった。母は私たち子どもが大学へ進学するのを見届けると九州大学で研修課程を終えた後、菊池市の教育委員会に勤め社会教育に携わる一方、同時に保護司も務めた。白寿の今も元気で、独りで家を守り、庭を彩る季節の花の手入れ、野菜作りや革細工の指導のほか、短歌や漢詩の創作にも意欲的で、詩歌集『花わらび』（第2集目）も出版したばかりだ。私が2010年に大分大学を定年退職し、マレーシアの国立マラヤ大学へ移るとき、高齢の母を独り日本に残すことに気がとがめた。母は私の胸中を察するように「私のことは心配しないでいいから、行ってきなさい」といつものように気丈に送り出してくれた。

私は2番目の子どもで、幼少期から中学卒業まで、井戸の水汲み、風呂焚き、蚕の桑摘み、鶏、山羊、羊の餌やりなどを手伝った。羽を傷めたヒヨドリや鳩を家にもち帰って世話をしたり、家の近くを流れる菊池川の支流の河原川でハエやカマズカ、ウナギ、ナマズを捕ったりと、恵まれた自然環境で伸び伸びと育った。ただ、特に昆虫が好きな少年だったわけではない。

音楽は聴くのは好きだが、歌うのは音痴で苦手だった。鉄棒を始め体育は不器用でそのうえ足も遅かったが、ソフトボールは好きでよくやった。5年生のクリスマスの夜、左利き用の布製のグローブを両親からプレゼントされたときはどんなにうれしかったことか。今思い返しても不思議だが、コントロールはまるで駄目だったのにピッチャーにこだわっていた。この点、歌や運動競技の上手だった姉や弟とは対照的だ。

父の影響もあって中学で剣道を始めた。不器用な上に背が低いこともあり（山羊乳の効果がまだ出ていなかった）、なかなかレギュラーになれなかった。3年生になりやっとレギュラー5人の1人になれた。チームは連戦連勝で市、郡大会と優勝した。最後の熊本県大会で決勝まで勝ち進んだが、残念ながら優勝は逃した。あと一歩で敗退の悔しい思いも経験した。

その後、過疎の影響は我が故郷にも及び、現在、母校の河原小学校は廃校となり、無人の校庭に銀杏の大木だけが寂しくそそりたっている。菊池中学校も統合され菊池南中学校となってしまった。跡地は市民広場となっている。

私は、小さい時は人見知りがひどく、人前で話すのが苦手だった。緊張のあまり何をしゃべっていいか口が開かないのだ。社会人になり人見知りはなくなったが、人前で話すのは苦手のままだった。あるときアクセントのまちがいを指摘され、人前で話すことが一段と億劫になった。それまではまったくアクセントを意識していなかったので、思いがけなかった。それ以来、まちがいを指摘されるたびに自己嫌悪に陥った。

日本語のアクセントが気になりだしてからしばらくして、菊池市を含む熊本県の北部と茨城県の一部はアクセントが無い地域に分類されていることを、金田一京助博士の日本語国語辞典のアクセント地図で知った。この地域で育った人は声楽家やアナウンサーになるには相当な苦労を伴うであろうとも記してあった。「そうか、そうだったのか」とだいぶ気持ちが楽になった。しかし、私にとっては正しいアクセントの習得は容易ではない。たぶん、音痴であることと関係しているのだろう。アクセントをたがえればまちがった意味にとられる場合ももちろんあろう。かといって、話し方を気にしすぎ口を閉じてしまうのも問題だ。「宿命」と腹をくくればいいのかもしれないが。

その後、熊本市の済々黌高校に進み、熊本駅近くにある田尻夫妻（叔父・叔母）のアパートに下宿した。そこから立田山山麓にある高校まで市内電車で通った。今では信じられないが、通学は皆下駄履きだった。しかし、電車内の他の乗客に迷惑をかけるとの理由で、3年生になるときに下駄履きは禁止になった。

済々黌高校は明治15年に開校し、「正倫理、明大義、重廉恥、振元気、磨知識、進文明」を綱領とし、文武両道の気風が尊重された。袴をはき、髭を生やすなど、個性的な先生方が多かった。生徒も黄色い横筋の一本入った制帽を誇らしげに被っていたように思う。

県下の色々な地方から集まった多才な同級生との交流はとても新鮮だった。これに刺激を受けたのか、2年時には、内向きの自分をなんとか変えたくて、生徒会の役員もやってみた。よく思い切れたと思う。

剣道は2年次まで続けた。毎日の練習は厳しく、一時は、声を張り上げる練習がたたって喉を傷め声が枯れてしまった。英語の授業時に教科書を読む順番がまわってきたが、声が出ず、対応にとまどったのを覚えている。

大学は福岡の九州大学理学部生物学科に入った。生物学科でも六本松キャンパスの教養課程のときには、苦手の数学や物理が必須科目としてあり、単位を取るのに苦労した。1年半後に箱崎キャンパスの専門課程に進級すると、やっと物理学から解放されると思ったが、物理化学で熱エネルギーの法則なども学ばなければならなくなり大変だった。黒板一杯に書かれた数式には、目が眩んでしまった。これからは分子生物学の時代が到来するので、その基礎として重要だということだった。

一方、宮崎県えびの高原での生態学実習や熊本県天草での臨海実習など、自然に触れる野外での科目もあり、こちらは楽しかった。天草の海岸の岩場では心地よい潮風のなかで多様な生き物に目を見張る一方、採りたてのウニを口にしたときの磯の香りを含んだ旨味の食感は今でも忘れられない。

部活では剣道を続けた。夏休みには剣道の合宿や遠征が終わると、家庭教師のアルバイトで貯めた資金で友人と北海道、紀伊半島、山陰地方などを旅してまわった。

箱崎キャンパスでは、世の中を震撼させる事件があった。1968年6月2日に米軍のファントム戦闘機が電算機センターに墜落したのだ。理学部の建物のすぐ近くだ。卒業して大学院に入った直後のことだった。日頃から板付の米軍基地を離着陸する戦闘機の爆音に悩まされ、「いつかは」と心配していたことが起きたのだ。学内は基地撤去を求めるデモで騒然となった。今では、板付の米軍基地はなくなり、箱崎キャンパスも移転してしまい、その面影はない。

大学院では細胞遺伝学講座に籍をおいた。4年次の卒業論文研究でお世話になった講座だ。芳賀忞教授から「ショウジョウバエで突然変異を作成し、染色体レベルでの遺伝の研究を始めてはどうか」という御教示をいただいた。しかし、放射線を照射して人為的に突然変異を作ることは容易ではなく、なかなか具体的な成果を出すことができず、1年で中退を願い出た。

芳賀教授は染色体解析によるオオバナノエンレイソウの集団遺伝学的研究で世界的に高名な研究者

で、一介の院生である私にとっては雲の上の存在だ。

講座のスタッフの先生方も優秀な研究者ばかりだった。なかでも特に渡邊皓博士はヤマラッキョウの染色体転座について独創性に優れた研究をされ、その結果を『Nature』に発表されていた。渡邊先生は俳人でもあり、いくつもの句集を発刊されておられる。卒業論文作成の過程で言葉のもつ力を教えてもらった。先生は飾り気のない性格で学生の面倒見もよく、私も何度も先生宅に招かれては奥様の心温まる美味しい手料理をいただいた。

短い期間ではあったが、この講座の尊敬できる先生方の薫陶に浴したことは幸いであった。また、この講座で勉強したことは後にブユの分類学的研究を進める上で大いに役に立った。遺伝学で扱う「種」、「種分化」や「進化」の概念はもともと形態分類学から発展したものだ。

2　鹿児島大学医学部へ就職

大学院での自分の不甲斐なさに気落ちし将来の展望も描けていないときに、生物学科の掲示板が偶然目に留まった。鹿児島大学医学部の医動物学講座が助手の公募をしていた。学部もちがい、研究の実績も何もなかったが、芳賀教授と渡辺先生に相談の上、応募することにした。

鹿児島から福岡までおいでいただいた佐藤敦夫教授との面接を経て採用が決まった。佐藤教授も剣道をされており、共通点を見出されたからだろう。大学を取り巻く状況が当時と一変している今日では、博士号をもつ沢山の有資格者の応募が予想されるので、こんなにうまい具合に採用されることはないであろう。時代に救ってもらったともいえよう。

1969年の4月1日に鹿児島大学医学部へ赴任した。現在のキャンパスは宇宿にあるが、当時の医学部キャンパスは城山の麓の鶴丸城跡にあり、古い二階建ての研究棟が並んでいた。鹿児島のシンボルともいえる、活火山桜島の雄大な姿が真正面に望める。予期せず轟く噴火の大きな音や一面を覆いつくした降灰に驚いたものである。

3 医動物学とは

医動物学は、私にとって未知なる分野だった。これは、人体に有害な様々な動物（おもに単細胞の原虫、多細胞の線虫、吸虫、条虫などの寄生虫と吸血性昆虫やダニ）を扱う学問だ。寄生虫による感染症のほか、ダニや吸血昆虫が媒介するウイルスやリケッチア性の多くの感染症も含まれ、実に対象範囲が広い。感染症のなかには医学の恩恵が届かない開発途上国の僻地の風土病の多くが含まれていた。

当時、国内ではマラリアは制圧されていたが、バンクロフト糸状虫（フィラリア）症、日本住血吸虫症、恙虫病、肺吸虫症、肝吸虫症、日本脳炎などの風土病はまだ残っていた。入門書として最初に手にした佐々学先生著『風土病との闘い』（岩波新書）のなかで、これらの病気の本態――病原体、媒介者、感染経路、病理――を解明する上で、あるいは診断、治療方法の開発において、大きな貢献をした日本人研究者が幾人もいることを知り、少なからぬ感銘をうけた。

また、国内だけでなく海外まで出かけ、さまざまな社会的および自然的環境のなかで現地調査を行うこの分野の研究の醍醐味は、私にとって大きな魅力だった。

医動物学はこのように幅広い研究領域であったが、当時流行し始めた免疫学や分子生物学的手法を取り入れた実験的研究も多くなっていた。これらの最新の技術は学生時代に学ぶ機会もあったが、手技が複雑でしかも結果が出るまで時間がかかるものもあり、不器用で少々せっかちな性分の私には不向きで、どれも身についていなかった。

就職してしばらくは、講座の仕事としての教授の講義や実習の手伝いのほか、大隅半島の南端に位置する佐多町の住民を対象とした寄生虫感染状況調査に従事したりしていた。

佐多町では、検査を受けた４６６４名の住民のうち36％にあたる１６９６名が鉤虫をもっていた。鞭虫、回虫、蟯虫も数％の陽性であった。「糞線虫」とありがたくない名前をつけられた寄生虫も０・３％見つかった。こんなに色々な寄生虫がまだいることに驚いた。

この調査では、住民から提出された糞便を爪楊枝で少し採り、スライド標本を作り、顕微鏡で直接寄生虫の卵を観察する方法、遠心機を使って効率よく寄生虫卵を検出する集卵法、口紙に糞便を塗りつけ、数日後に孵化し成長した幼虫を観察する培養法、などを初めて学んだ。

寄生虫学実習ではこれらの糞便検査法も学生に教える。実習室に漂う匂いには閉口する学生も多い。同情はしても、教える側も同じだ。なかなか馴染めるものではない。

鉤虫保有者に対しては、製薬会社の委託で、新薬 pyrantel pamoate の駆虫効果も検討した。調査が終了した後に教授から「経験のために、その結果を英語で論文にまとめるように」と言われた。教授が受託した研究の手伝いをしているという認識だったので、まさか最後に私にまとめ役がまわってくるとは思ってもいなかった。「参ったな。調査を始める前に言ってくれればよかったのに」と心の中でつぶやいた。しかし、新米助手の身なので断ることはできなかった。この調査は私が計画したものではなかったので、得られたデータの解析と結果の解釈に四苦八苦した。なんとかできあがった原稿は1973年に日本寄生虫学会雑誌『Japanese Journal of Parasitology』に掲載された。これは、私が書いた寄生虫に関する最初の論文となった。ただ私が主導した調査ではなかったので、この論文の筆頭著者になることは遠慮した。

こんなことを経験しながらも、当時は医動物学分野の研究者になれる自信などまったくなかった。ましてや自ら進んで特定の課題に的を絞って研究し、英文論文にまとめ、欧米の国際学術雑誌に発表するなど、雲をつかむような話だった。

4　二人の大先達（その1）

しかし、研究者への第一歩を踏み出す機会はまもなくめぐってきた。私が就職した医動物学講座の助教授をされていた多田功先生との出会いだ。先生は、まだ30歳代前半ながら、長身で端正な容姿のなかにリーダーとしての風格があった。沈着冷静で、しかもユーモアのセンスもあり、研究室内外の若いスタッフや学生からも尊敬を集める気鋭の研究者で、糞線虫症や顎口虫症、さらに当時まだ南西諸島に残っていた風土病の一つであるバンクロフト糸状虫症を研究されていた。

バンクロフト糸状虫症は、世界の熱帯、亜熱帯に分布し、発熱、浮腫、象皮、乳糜尿などリンパ系に関連した症状が特徴だ。病原体は Wuchereria bancrofti という線虫で、親虫はリンパ管に棲み、仔虫を血中に産出する。我が国では夜間吸血性のアカイエカ Culex pipiens が媒介者だ。

我が国ではその当時、この風土病の終焉の日が近づいていた。感染者に対してジエチルカルバマジン(DEC)という薬の投与を主体とした地域レベルでの対策が功を奏していたからだ。

多田先生はそれを見据えて次の研究に着手しておられた。先生の次の対象は、同じく糸状虫症ではあるが病原体や病態がまったく異なり、まだ治療薬もないオンコセルカ症という、当時我が国では誰も注目していなかった疾患だ。

オンコセルカ症は、すでに述べたように、アフリカと中南米に分布し、糸状虫の一種 O. volvulus によって引き起こされる寄生虫病で皮膚・眼疾患を主徴とし、重篤な場合は失明する。

多田先生は、本症の流行地の一つである東アフリカのエチオピアと中米グアテマラにおいて現地の研究者たちとすでに研究を始めておられた。未知の研究課題への果敢な挑戦。秀でた研究者の資質の一つを間近にみせてもらった。

就職した1969年の夏には、私は、多田先生に誘われ、3人の医学生とともに南西諸島の黒島を訪ねる機会を得た。石垣島の沖に浮かぶサンゴ礁の小さな島だ。住民約500名を対象にバンクロフト糸状虫症の感染状況を調べるためである。夜間に住民の耳朶から採血をし、スライド標本を作りギムザ液で染色する。翌日の昼間にその血液標本の中に染色された0・24~0・30㎜ほどの長さの仔虫がいるかどうかを顕微鏡下で観察するのがおもな仕事だ。夜に採血するのは、この糸状虫の仔虫が末梢血管に出てくる時間帯が不思議なことに夜間と決まっていて昼間には出てこないからだ。

黒島では玉代勢さん宅に民泊した。開放的な平屋造りの家の横に大きなタンクがある。赤瓦の屋根に降った雨水は樋を通して集められる。ここでは井戸はあるが塩分を含んでいるので飲めない。タンクに貯まった天水は飲み水として貴重だ。

夜間の糸状虫検査が一段落し、宿に戻る。蚊帳を張った部屋の天井や壁には、灯に集まってくる昆虫を待ち受けるヤモリがたくさん這い回っている。

一日の仕事を終え、「ケッケッケッ」というヤモリの奇妙な鳴き声を聞きながら、天水で割ったウイスキーの水割りで疲れを癒す。くつろいだ雰囲気のなかで、多田先生から、国際的および歴史的視点からの色々なお話をうかがう時間は心地よいものだった。そのなかで、「日本人がなぜ海外の山奥の辺地まで出かけ、人びとを苦しめている病気を研究するのか」という問いかけに関連し、17世紀の宗教家ジョン・ダンの思想「人は彼も我も孤立した島ではない」を引用されるなど、先生の深い思索には強く引き込まれてしまった。

多田先生は、そのような私の心の動きを読み取られたのかどうかはわからないが、「ラテンの国々でオンコセルカ症の研究を一緒にやりましょう。媒介昆虫であるブユの研究をやりませんか」とブユの研究を強く勧められた。これから研究の道へ進めるかどうか、具体的な将来像を描くことさえまったくできなかった私にとっては大変ありがたいことで、どんなに勇気づけられたことか。思い返せば、ライフワークという長い道程を刻む時計が動き始めた瞬間だ。

オンコセルカ症もブユも私にとってはまったく未知のもので、一から学び始めなければならない不安を覚えつつも、内心では将来訪ねるであろう「ラテンの世界」を思うと一気に希望がふくらんだ。

そして、彼の地で必要なスペイン語の勉強も並行して独学で始めることになった。

多田先生はまもなくして、新設の金沢医科大学の教授に就任され、以後熊本大学、そして最後は母校の九州大学の教授を歴任された。また、日本寄生虫学会や日本熱帯医学会の理事長を務められ、アジア寄生虫連盟を創設されるなど、学会の活性化や国際化にリーダーとしての役割を発揮された。先生は熱帯寄生虫病に精通され、そのなかで特にオンコセルカ症研究をライフワークとされていた。先述の中米のグアテマラでの日本-グアテマラ二国間プロジェクト「オンコセルカ症対策研究」（1975〜1983年）、「熱帯病研究プロジェクト」（1991〜1999年）や文部科学省国際学術調査「南米型および中米型オンコセルカ症とその伝播機構の比較研究」（1982〜1987年）などを企画、実施された。これらの海外プロジェクトは、その成果だけではなく、参加した多くの日本人およびカウンターパート国の若手研究者のその後の国際的活躍をみれば、人材育成の観点からも、そのインパクトは計り知れなく大きかったということがわかる。多田先生は、同時に世界保健機関のフィラリア委員会の重職も兼任され、世界の流行地におけるオンコセルカ症とリンパ系糸状虫症の制圧に多大の貢献をされた。

1960年代に、九州大学医学部寄生虫学講座におられた頃、多田先生は、同じく宮崎一郎教授の門下生である川島健治郎先生たちと学部横断的に沖縄の八重山群島で学術調査を何度か実施された。その時のメンバーで始まったのが「八重山会」だ。その後、メンバーは多田先生の企画された数々の海外調査の度に同心円的な広がりを見せ、今日に至っている。最近は、「福岡ムシの会」のメンバーとも重なるが、実質的には多田先生を囲んでの気の置けない仲間が懇親を深め、自由闊達な議論と切磋琢磨をする場だ。

宮崎一郎教授の門下生で、『Las Leishmaniasis en el mundo, con especial referencia a las Américas 世界のリーシュマニア症、特にアメリカ大陸について』の高著もある、リーシュマニア症研究の世界的リーダー橋口義久先生（高知大学名誉教授）、多田、川島両先生との縁で「九州大学医学部熱帯医学研究会」を学生のときに立ち上げ、八重山無医村診療やマレー半島学術調査などに携わり、その後、予防医学、疫学、公衆衛生分野の卓越した指導者として国際的に活躍してこられた吉村健清先生（産業医科大学名誉教授）、JICAによるオンコセルカ症プロジェクト以来、異業種ながら、多くの派遣専門家とお付き合いのある、グアテマラ在住50年の丸田雄二氏は、主な古参メンバーだ。現在、九州大学の小島夫美子先生が幹事役をされている。私も長いこと参加させてもらった。いつも研究の初心に立ち返り、エネルギーを貰う場であった。歳をとった今も同じだ。次回の集いが待ち遠しい。

多田先生は、傘寿を越えられた今も御壮健で、熱帯医学の泰斗として研究・教育面で後進の指導に力を入れておられ、また、医学に限らず、歴史や変貌著しい世界や日本の世相についても関心が深く、秀逸な論評を書き続けておられる。まことに喜ばしいことである。

5　二人の大先達（その2）

オンコセルカ症伝播の研究をやりたいと決めたものの、実は媒介者であるブユについての知識はまったく無く、田舎育ちなのにブユの実物を見たこともなかった。さて、どのようにしてブユを勉強するか。これがまず問題だった。当時、まわりにはブユを教えてくれる人はいなかった。

そこで、日本衛生動物学会の発行する学術誌『衛生動物』を頼りに調べたところ、ブユの研究に携わっておられる数名の研究者を探すことができた。厚かましいとも思ったが、早速「ブユについて学びたいので御指導をお願い致します」という内容の数通の手紙を書いた。数日後一通の厚手の封書が届いた。

差出人は、当時、東京の世田谷にある自衛隊衛生学校の教官をされていた高橋弘先生だ。封書には、先生の直筆の御手紙に添えて、ブユの採集方法や種の見分け方など初心者向けの必要な文献のコピーも入っていた。見ず知らずの私にすぐに返事をされただけでなく、文献のコピーまで作り、送ってくれたのである。なんと思いやりのある先生だろうと感銘をうけた。

先生は、ブユだけでなくアブやヌカカの研究でも高名な昆虫分類学者で、多くの若手の研究者から慕われていたことを後で知った。

それ以来、高橋先生からはおもに手紙のやり取りによって教えをうけた。先生は私の初歩的な質問にも面倒がらずにていねいに御教示くださった。そのおかげで、「雌雄成虫の形態形質、特に外部生殖器を中心に、蛹や幼虫の形態も含めて、総合的に種を捉える」という、ブユ分類研究の基本が少しずつわかりだした。

先生には2年半後の1972年4月に岡山で開催された日本衛生動物学会全国大会で初めてお目にかかった。長身で颯爽とした姿勢に上品で柔和なお顔が印象的であった。御手紙から想像していたように親しみ深く誠実な人柄であった。

先生にはお亡くなりになった1995年まで御指導を賜った。特に1978年から1年半、中米のグアテマラにおけるJICAプロジェクト「オンコセルカ症対策研究」および1985年6月から3カ月、西アフリカのナイジェリアにおけるJICAプロジェクト「ジョス大学医学研究協力」に専門家として参加したときにも、プロジェクトの責任者をされていた先生には身近に接する機会があった。

開発途上でしかも治安の問題を抱える両国への赴任は、敬遠されがちだ。いつかその点を尋ねると、「この国の人たちは老人を大事にしてくれるから、問題ないよ」と泰然としておられた。先生は何事にも興味を示され、特に食関連では、海外では自炊をされていたので地元の素材を色々試されていた。「アボカド（果物の一種）をワサビ醤油で食べてごらん。マグロのトロだよ」と御自身の発見談をうれしそうに語られた。1978～1980年にグアテマラ滞在中のことだった。研究には厳しいが、だれにも等しく優しくされた先生の人柄が懐かしく思い出される。

第三章　初めての新種ブユの発見と記載

——南西諸島と九州の調査から——

1　ブユ幼虫と蛹の採集

高橋先生から送っていただいた文献を頼りに、早速、ブユの勉強を始めた。最初の問題はブユの生息場所だ。文献によると、幼虫と蛹の棲んでいるのは清明な流水中だ。溶存酸素が関係しているらしい。幼虫や蛹の大きさは2～5㎜ほどだ。蛹はスリッパ型や靴型の繭に入っているので肉眼でも区別できるという。

早速、鹿児島市近郊で渓流を探しては採集を試みた。幼虫と蛹は流れに垂れ下がる草や水中の落ち葉や石の表面についていた。蛹は繭のなかで頭部を下流の方向に向けている（口絵写真②）。なんどか採集に出かけるうちに、ブユの蛹や幼虫は同じ川のなかでも相対的に早く流れる部分、たとえば、瀬と淵がある場合は瀬の部分にしか生息していないことがわかった。

蛹の入った繭の付着した草をはさみで切り取り、個体別にプラスチックの瓶に入れた。瓶の底に少量の水を入れ乾燥を防いだ。幼虫はアルコールの入ったガラス瓶に入れ、研究室に持ち帰った。

成虫は早いものは採集した当日から遅いもので4日目に羽化した。採集した蛹も全部が羽化するわけではなく、途中で死んでしまった蛹もいた。できるだけ効率よく成虫を羽化させるために、瓶のなかの蛹の頭の向き、湿度を保つための水の量、カビ感染の予防、温度管理など、試行錯誤でやってみた。結局のところ、採集した蛹は高温と乾燥を避け、瓶のなかで羽化するまで蛹が逆さまになったりするのを防ぐため瓶の位置を固定し、カビ防止のため一個体一個体を毎日少なくとも1回は清水で清めてやることで、ほとんどの蛹が羽化に成功するようになった。ただ、幼虫から変態したばかりの色の淡い蛹だけは、羽化させることはかなり難しいことがわかった。

蛹から羽化した成虫や蛹の抜け殻の標本を実体顕微鏡で見ながら、既知種の同定の勉強を始めた。1970年は鹿児島県本土の各地でブユ採集を始めた。当時、日本産ブユは40種が知られ、そのうち10数種は九州からも記録されていた。ほどなく九州に分布する種のおもなものは同定できるようになってきた。採集された種のなかにはそれまで鹿児島県はもとより九州からも知られていなかったオガタナンヨウブユ *S. ogatai* なども含まれていた。小さいながらも、初心者にとってはうれしい成果だ。毎日の顕微鏡観察が次第に楽しみになってきた。

2　トカラ列島の新種ブユ

翌1971年2月には、鹿児島県の無医村巡回診療団の一員に加わり、南西諸島のトカラ列島の中之島と口之島を訪ねた。鹿児島港を村営十島丸で夜中に出港し翌朝到着した。鹿児島の錦江湾を出るまでは穏やかな航海だが、そこを出た途端に小さい船は揺れだした。種子島と屋久島を過ぎた海域は太平洋と東シナ海の海流がぶつかりあい、波が高い。船酔いをしないほうがおかしい。翌朝、やっと目的の島が見えてきても、波が高くて接岸できない。渡し船を介して上陸する。これも初めての経験だったが、本船から波に翻弄される小さな渡し船に飛び移るタイミングが意外と難しい。

中之島に上陸するなり、住民の悩みの一つがブユの吸血被害だということを知り、驚いた。住民の寄生虫検査を終えた後に、早速、私自身を囮とし、吸血に飛来する成虫を昆虫網で採集した。ひっきりなしに飛んでくるブユのしつこさには参った。初めての経験だ。吸血種は北海道から沖縄まで広く分布するアシマダラブユ S. japonicum であった。本種の幼虫と蛹は島内にある多くの流水系のうち、流れの速いいくつかの渓流で見つかった。

既知種としてはもう1種ヒロシマツノマユブユ S. aureohirtum が採集された。本種はインドで記載された種で、後で述べるようにアジア全域に広く分布する。

さらに新種と思われる種が2種も見つかった。1種はホソスネブユ Nevermannia 亜属に属し、蛹の胸部左右にそれぞれ6本の長い呼吸管をもち、九州と本州に分布するミエツノマユブユ S. mie によく似ていた。2種目は Gomphostilbia 亜属に属し、蛹の呼吸管が左右8本ずつで、8本とも束になって前方に伸びていた。また、雄の後脚第1跗節が例外的に太くなっていることから、S. ogatai や1911年に E. Brunetti によってインド北部で記載された S. metatarsale の仲間であることがわかった。

これら2種には、調査に同行した医学生の森園良幸君と列島名に因んで、モリソノホソスネブユ S. morisonoi およびトカラナンヨウブユ S. tokarense と名付け、2年後の1973年に我が国の『Japanese Journal of Sanitary Zoology』に発表した。

3　与那国島の新種ブユ

1971年には、12月の沖縄本島と八重山群島の調査で、もう1種今でも忘れられない新種が琉球列島最西端の与那国島から採集された。この調査では、先に沖縄島、石垣島および西表島も訪ねたが、90年振りともいわれた大旱魃で多くの細流が干上がり、ブユ採集は危惧したように収穫がなかった。

最後に訪ねたのは与那国島。石垣島から南西航空の便がある。この島の祖納という集落のはずれに小さな池があった。腰まで浸かってその池を渡ると、奥の崖の割れ目から湧いた水がわずか数mチョロチョロと流れていた。ここで新種のブユが見つかった。このような小さな島でひっそりと棲み続けてきた新種、それも飛び切りに謎に包まれた新種に出遭うとは予想もしなかった。日本最西端の島まで来た甲斐があった。幸運の女神に感謝したものだ。

この新種の蛹は、虫眼鏡でみると、左右に4本の呼吸管をもち、繭が単純なスリッパ型だったので、Nevermannia 亜属のオタルツノマユブユ S. subcostatum かと最初思っていた。祖納の保健所で実体顕微鏡を借り、蛹をよく観察すると、4本の呼吸管が蛹の体よりも短いので、4本の呼吸管が体長より長いオタルツノマユブユとはちがう。別種である可能性が高まった。

大学に戻りすぐに詳しく調べたところ、成虫の胸の側面の膜質部と下面が多数の微毛で覆われており、我が国から報告されている Simulium 属のどの亜属にも属さないことがわかった。さらに、成虫の後脚の第1跗節の先端にある突出部（跗突起 calcipala という）が第2跗節の先端まで届くほど長く、径節の前縁に軸に沿って細い隆起部をもち、蛹頭部の触角鞘部に鋭い突起列を有するなど、これまで世界のどのブユにも知られていなかった特徴も見られた。

高橋先生にとってもこの種はたいへん珍しかったのか、驚いて息を呑まれたようだ。念のため、世界のブユに詳しい大英自然史博物館の R. W. Crosskey 博士にも標本を送り、見てもらった。「この種は、オーストラリアとパプアニューギニアにだけ分布する Simulium 属の Morops 亜属に属する新種と思う」とのコメントをいただいた。この新種には島の名前に因んで S. yonakuniense とし、1972年に米国ハワイのビショップ博物館発行の『Journal of Medical Entomology』に発表することができた。この種はトカラ列島の2種より少し後に採集されたが、実際の記載と論文発表では先になったので、私が記載した最初のブユ種になった。和名はヨナクニウォレスブユと名付ける。

後で触れるように、この新種は1983年にフィリピン群島のブユをまとめたモノグラフのなかで、Morops 亜属から新しく設けた Wallacellum 亜属に移すことになる。因みに、三つの新規形質のうち、成虫の後脚径節に隆起部をもち、跗突起が長いという特徴はこの新亜属のどの種にも見られたが、蛹の触角鞘部の突起列は一部の種にだけ共有されていることがわかった。面白いことに、後でも触れるが、蛹の触角鞘部の突起列はオーストラリア区に分布する Morops 亜属の S. farciminis 種群の数種にもみつかっている。また、跗突起が長いという特徴は南太平洋のポリネシアに固有の

Hebridosimulium 亜属にもみられることがわかった。

沖縄は、1972年5月の本土復帰までは、米国の施政権下にあった。鹿児島から海路那覇港に着くと下船前に船内においてパスポートの審査と荷物検査があった。沖縄本島から他の島への船や飛行機の乗り継ぎ、宿の手配も現在のように簡単ではなかった。しかしながら、幸いなことに多田先生の友人でもある沖縄県衛生研究所の国吉真栄先生の温かい御支援で、問題なく調査を進めることができた。このこともここに記しておきたい。

4　新種かどうかの見極め

ところで、採集した種が私のような初心者にとって未知の種でも、それがほんとうに新種とはかぎらない。新種であるかどうか判断するには、既知種に関する知識が重要なのはいうまでもない。国内だけでなく周辺の国々のブユについても知っておくことが必要だ。

当時は、世界のブユは約1100種が記録され、そのうち日本で40種、東南アジアを含む東洋区でも80種ほどしか知られておらず、新種かどうかの判断には、一部のグループを除くとそれほど難しくはないだろうと思っていた。

ところが文献を調べてみると、1910年から1930年代に発表された古い既知種のほとんどは成虫だけしかわかっていない。なかには、雌雄の成虫の組み合わせが怪しいものもある。同じ種と思われる雌雄の成虫に別の種名が付けられているのもあった。

当時は、黄熱、マラリア、糸状虫病などの疾病を媒介する蚊の採集を目的にライトトラップやマレーズトラップ（飛翔性昆虫の捕集を目的としたテント型ネット）が世界の各地で設置された。この二つのタイプのトラップでは数は限られるがブユ成虫も同時に採集される場合がある。この頃のブユの新種の記載といえば、このようにして採集された成虫をもとにしたものがほとんどだ。形態のちがう雌雄成虫が同一種に属するかどうかは研究者の推測に頼る以外に確かめようがなかったのである。

現在は、同一種の雌雄成虫の記載は、生息水系で採集した同じ形態をした蛹から羽化した標本に基づいているので信頼できる。また、ライトトラップやマレーズトラップで採集された雌雄の成虫は、形態形質で同定が難しい場合は、遺伝子の配列を調べることでも同定がある程度可能である。

ブユの場合、同じ種群に属する種は雌雄の成虫ともにほかの種と極めてよく似ており、外部形態だけで区別するのは難しい。一方、同じ種群内でも蛹では、容易に区別がつく場合が多い。これは、蛹の胸部の前方にある呼吸器官の形、また、糸状あるいは管状の呼吸管がある場合は、その数や分岐の方法が種によって異なる場合が多いからだ（図2〜6に例示）。

ただ、なかには成虫では容易に区別がつくのに蛹の呼吸管の数や分岐法では区別が難しい種もあるから厄介だ。我が国のヒメアシマダラブユ *S. arakawae* とオオイタツメトゲブユ *S. oitanum* がよい例だ。前者は *S. venustum* 種群、後者は *S. variegatum* 種群と異なる系統に属するが蛹期ではなぜか形態がほぼ同じなのだ。

蛹は、自らが蛹化直前に編んだ繭のなかで過ごす。この繭の形も種によってスリッパ型や靴型など、特徴的なので同定の参考になる（図1に多様な繭の形態を例示）。蛹から羽化した成虫が得られる場合は、同時に繭、蛹の抜け殻に残っている呼吸器官やほかの形質についても情報が得られるので同定が格段に容易になる。

既知種を記載した古い文献のなかには、成虫の胸部や脚の色を中心にした数行だけの簡単な記述のものもあり、比較は容易ではない。また、文献に図示された形質に、稀ではあるが、見落としによる誤りがあるので、図を100%信じてはいけないことにも気付いた。

疑問が残る場合は、博物館などに保管されている模式標本などを直接見て、比較することである。当該博物館を訪ねるか、所定の手続きをした上で送付してもらう。ただ、ピンに刺した成虫の乾燥標本は、外部形態だけをみても類似種との比較は容易ではない。特別な許可を得て解剖して頭部や外部生殖器などを観察しなければならない場合もある。

5 新種を記載する

さて、新種を見つけてもそれを論文にし、然るべき学術雑誌に発表しなければ公式に認知されたことにならない。

ブユの生活史は、完全変態をする他の昆虫と同様に、卵、幼虫、蛹、成虫からなる。幼虫期は1齢から6齢（まれに7〜9齢）まで脱皮しながら大きくなる。新種として体の特徴を記すのは雌雄成虫、蛹、それに蛹になる直前の終齢幼虫だ。

分類学の初期段階が新種の形態を細かく記す、すなわち「形態形質の記載」である。これには、ブユが小昆虫であることから、顕微鏡がどうしても必要だ。それも低倍率と高倍率用に二つ要る。記載論文には、重要な形態形質を顕微鏡で拡大し、描画装置を使ってスケッチした図もつける。最近では顕微鏡写真が容易に撮れるので写真で代用する論文も増えてきた。

大学時代の生物学の科目には分類学も必須であったが、不思議なことに講義はなかった。この古典的な学問が後日私自身にとってそんなに重要になるとは思ってもいなかった。1953年のJ. D. Watson とF. Crick によるDNAの二重らせん構造の発見以降分子生物学が台頭するなか、当時は18世紀のリンネに始まる分類学は「古い」と一段下にみる風潮が少なからずあり、それに流されて講義が中止になっていたのだ。勉強できなかったことが悔やまれた。分類学は古くても生物学の基礎としてその重要さはいつになっても変わらないのだ。

新種ブユの記載論文執筆は、私にとっては初めての挑戦だ。このときも幸運なことに、昆虫の分類、生態に明るい専門家が同じ大学におられた。鹿児島大学農学部昆虫学教室の湯川淳一先生（現九州大学名誉教授）である。

湯川先生からは新種の記載のやり方を学んだ。記載は雌成虫、雄成虫、蛹、幼虫の順で、さらに頭部、胸部、腹部の順と教わる。まず体の各部位の名称を覚える必要がある。記載は、普通の英文とは異なり電報文形式をとり、「be」動詞や「the」や「a」などの冠詞は省略される。また、記載に用いた標本のうち代表的な標本を模式標本、そのほかの標本を副模式標本として指定し、必ず保管することも要求される。私の現在の記載のやり方は少しずつ改良を重ねたものであるが、基本的にはこの最初の記載のやり方と同じだ。湯川先生への感謝の気持ちを込めて、のちにベトナムで採集した新種の一つにS.yukawaiと名付けた。

形態のスケッチにあたっては、高橋先生から送っていただいた『The black flies of Japan and Korea（Diptera: Simuliidae）日本および韓国のブユ（ハエ目ブユ科）』を参考にすることにした。これは1955年に406米陸軍研究所が発行した文献だ。この文献には日本のブユ種の検索表と蛹の呼吸器官や雌雄成虫の外部生殖器などの線画がたくさん付いていたので、同定に大いに役に立った。どの線画も作者の署名入りだ。線画は本職の画家が描いたものだけあって、段階的な陰影も実に自然で毛の一本一本にいたるまで精緻で、その出来栄えに一種の芸術作品を鑑賞するように感心して魅入ったものである。

ところが、見る立場から線画を描く立場になったとき、「どうしたらこのような立派な線画が描けるのだろうか」と、はたと困った。高橋先生に質問したところ、「このような線画の原図は製図用のペンで輪郭を大き目に描いて、印刷時に半分から3分の2ほどに縮小することでこのような立派な仕上がりになる」とのことだった。

とにかく原図は大きく描くことだ。それ以降、蛹の呼吸器官や成虫の脚は顕微鏡の倍率で100倍（接眼10倍、対物10倍）、成虫の外部生殖器は400倍（接眼10倍、対物40倍）で描いている。

ブユの形態を観察したりスケッチしたりするために、実体顕微鏡下で、成虫では頭、胸、脚、翅、腹部など体の部位ごとに針を使って分ける。頭と腹部はさらに内部構造が見えるように筋肉組織を苛性カリ溶液で処理し、十分水洗した後、スライドグラス上に垂らしたガムクロラール液中に移し、カバーガラスをかけて封入する。こうして作成した標本をもとに生物顕微鏡で観察やスケッチを始める。

幸い、描画装置付きの生物顕微鏡が研究室にあったので、それを使って形態のスケッチを始めた。当時の描画装置は、三眼顕微鏡の鏡頭上部につけられたプリズムと横に突き出した金棒の先についた、名刺と同じ位の大きさの反射鏡からなる簡単なものであった。この装置をうまく使うには、もう一つ電気スタンドが必要だ。机の左に描画装置付きの顕微鏡を、右に電気スタンドを配置する。

準備が整ったら、まず顕微鏡の接眼レンズを覗きながら封入標本の見たい部位を探す。これを視野の中心におき、描画装置を使って反射鏡の下においた白紙に投影させる。ここで電気スタンドの明かりをつけ、白紙を照らし、白紙の上に置いた鉛筆の先にピントを合わせる。投影された標本の部位と鉛筆の先の両方がよく見えるように顕微鏡の光の強さを調整する。あとは標本の部位の輪郭を鉛筆でなぞって下絵を描く。

最後は、その下絵にトレーシング紙を重ね、先細のペンを用いて黒インクで仕上げる。（今は直径の大きさが異なる製図用のよいペンが市販されている。私は、ペン先の直径が0・1㎜のものを重用している）。

雄の外部生殖器 genitalia では腹面を上にして観察するが、重要な構造が2層、3層に重なっており、それぞれの位置関係を正しく理解するのに時間がかかった。また、把握器 style など一部の構造は可動性のため、個体ごとに見え方が少し異なる。生殖腹板 ventral plate は立体的な構造を図示する必要があるため腹面だけでなく、側面と後面からのスケッチが必要だ。スライドグラス上に封入した標本では、側面や後面からの観察やスケッチはできない。どうしたものか困った。

結局、思いついたのは、浅いくぼみのあるスライドに粘着性のあるグリセリン液をとり、そのなかに苛性カリ液で処理した腹部をいれ、実体顕微鏡下で微針を使って生殖器の位置を整えるのである。このとき、腹部が液のなかで揺れ動かないように、ごく少量の綿を支持体として入れる。綿の上におくことで生殖器の位置取りができるようになり、一つの標本で腹面、側面、後面など望む方向から観察できるようになった。この際、カバーはせずに観察とスケッチをする。

しかし、スケッチの前のこの生殖器の位置取りは、予想以上の時間がかかる。実体顕微鏡下でスライドのグリセリン液のなかの生殖器の位置を正し、描画装置の付いた倍率の高い生物顕微鏡下で前後左右の対称性を確認する。少しでもずれていればまた実体顕微鏡下でやり直す。長いときはこの作業だけで1時間以上もかかる。位置取りが決まれば、そこでやっと下絵の作成、そして最終的な線画の作成へと進める。

このようにして、それなりに工夫して出来上がった私自身の最初の線画ではあるが、上記の文献の線画に比べると、明らかにぎこちなくて見劣りする。悔しい。しかし相手は本職の画家だ。仕方ないか。出来栄えはともかく、新種の記載論文の線画でもっとも重要なことは、一つひとつの形態を正確に写実することだと自分に言い聞かせる。一つの不正確さが将来おおきな問題を引き起こさないとも限らないからだ。

英文原稿や図表の作り方では、当時鹿児島大学医学部生理学講座の助教授で、米国滞在の経験も豊富な前野巍先生に大変御世話になった。先生は九州大学理学部生物学科の先輩だ。手動のタイプライターで英文原稿を書きあげるのも大変だった。英文の修正のたびに、頁を丸々打ち直したり、修正箇所を切り貼りしたりした。

こうして苦労の末に S. yonakuniense を記載した私の論文が米国の雑誌に掲載された。印刷された三つの図の出来栄えに少々不満はあったが、これが私の新種ブユ記載の最初の論文だ。

前野先生始め鹿児島在住の同窓の先輩研究者に、地元特産の芋焼酎と出世魚ブリの御造りで私の研究者としての第一歩を祝っていただいた。うれしい思い出の一つだ。

（ブユの採集、観察、同定方法については巻末の参考文献1に詳述）。

6　南西諸島のブユ

その後の甑島、薩南諸島（黒島、硫黄島、竹島）、奄美諸島（奄美大島、徳之島、与路島、加計呂麻島、沖永良部島）、沖縄島、先島諸島（石垣島、西表島）などの調査で、さらに4新種を得た。このうち、ツノマユブユ Eusimulium 亜属の新種サツマツノマユブユ S. satsumense はアジアでは初めての記録だ。これは、南西諸島での調査が終わりに近づいた１９７４年の1月に訪ねた下甑島から採集されたもので、「足元にも宝がある」ことを教えてくれた。

下甑島を10年後に再訪したときは、本種を採集した水田横の用水路は、農地改良事業で無くなっていた。この島では他の流れには別のブユ種が採集されたが、本種はとうとう見つけることはできなかった。絶滅した可能性が強い。もし、私が採集していなかったら誰に知られることもなく、もちろん絶滅種リストにすら載ることもなく滅んで行ったことだろう。

その後、北海道の襟裳地域から同じ亜属の S. erimoense が帯広畜産大学の小野決博士により記載されているが、S. satsumense との詳しい比較はされていない。

5年間の調査で、南西諸島のブユの種数は5種から18種に増えた。この結果は、1976年と1977年に我が国の『Japanese Journal of Sanitary Zoology』に4編に分けて発表した。

1977年に、新設の大分医科大学の教員応募にあたって、急遽医学博士を取得する必要が生じた。このときも、タイミングよくこれらの論文が学位論文として認められ、役に立った。論文原稿を早めに書いておいたのが吉と出たのだ。

7 バトエナンヨウブユは誤同定だった

南西諸島の5既知種のうち、石垣島と西表島に分布しバトエナンヨウブユ S. batoense と同定されていた種は、後に、S. batoense とは似ているが明らかに別種であることがわかった。

実は S. batoense は1934年にインドネシアのジャワ島で採集された標本をもとに、大英自然史博物館の著名な昆虫学者 F. W. Edwards によって記載された種だ。

1990年に文部科学省在外研究者派遣事業の支援でロンドンの大英自然史博物館に半年ほど滞在したとき、そこに保管されている S. batoense の雌成虫の標本をみる機会があった。なんと雌成虫の爪に突起があるにはあるが小さいのだ。この種の仲間の雌の爪は大きな突起（爪の半分ほどの長さ）をもっているものばかりだったので驚いた。石垣島と西表島で採集された雌成虫標本にはほかの仲間と同じく爪に大きな突起があり、明らかにちがう。

Edwardsの論文中には「S. batoenseの雌成虫はほかの仲間と同じ」と記載され、爪の突起が小さいとは一言も書かれていない。この仲間の種の特徴は蛹の8本の呼吸管の分岐法に現れる。よく似た蛹の呼吸管の分岐法の特徴から、石垣島と西表島に分布するブユがS. batoenseと同定されても無理もない。これは、原記載の不備が引き起こした誤同定だったという例だ。

ロンドンからの帰途ジャワ島に立ち寄り、運よくS. batoenseを採集でき、雌成虫の爪の突起が小さいことを確認した。帰国後すぐに、これらの新知見に基づいて論文を書き、石垣島と西表島に分布する種を新種ヤエヤマナンヨウブユS. yaeyamaenseとして発表した。

S. yaeyamaenseはあとでもう一度注目された。性決定に関連した幼虫の対合する唾液腺染色体上の変異が、本種では「雌個体でヘテロ（異質接合）」になっていたのだ。これは、京都大学霊長類研究所の平井啓久教授の指導のもと、インドネシアのボゴール農科大学から大分医科大学大学院の博士課程に留学していたUpikさんが1995年に報告した研究だ。この発見は、それまでの「性決定に関する変異は雄個体でヘテロ」という報告と逆の現象もあることを示したもので、たいへん興味深いものとなった。

8　ヒロシマツノマユブユは未吸血でも卵を発育できる

別の既知種ヒロシマツノマユブユS. aureohirtumは、南西諸島のブユのいる島には例外なく分布していた。本種は九州から本州まで分布が報告されているが、東南アジアに広く分布域をもつ唯一の種だ。最近では西太平洋のメラネシアのグアムでも分布が確認されている。本種は移動分散の能力が他のブユ種に比べて格段に高い。その秘密は何なのか。

本種の属するホソスネブユ Nevermannia 亜属の種の雌の爪には、爪の半分ほどの長さの突起がある。この爪の特徴はこの亜属が鳥吸血性であることと関連があるといわれている。ブユが鳥を吸血中に鳥の背に乗って受動的に新天地へ移動する。つまり、鳥を移動手段にしていると考えられている。しかし、この亜属のほかの種では、ヒロシマツノマユブユほど分布が広い種はいないので、鳥吸血性だけでは移動分散に長けている理由とはいいがたい。

不思議なことに、蛹から羽化した本種の雌成虫の腹部には、他の種と異なり、色々な程度に発育した卵がみられた。沖縄で採集した本種の蛹から羽化した雌成虫をプラスチックの管瓶に入れ砂糖水を与えて飼育したところ、成熟卵が発育することがわかった。ただ、口器は吸血に適した形をしているので、２回目以降の卵発育には吸血が必要だとおもわれる。

多くのブユ種は、ハエ目のほかの多くの吸血性昆虫同様、雌成虫だけが卵発育のために吸血する。北方系のブユでは吸血しなくても卵発育のみられる、いわゆる「無吸血性卵発育 autogenous egg development」を行う種が知られているが、アジアのブユではまだ調べられていなかった。いまのところ、東南アジアで無吸血性卵発育がわかっているのはこの種だけだ。なお、オーストラリアの近縁種 S. ornatipes も無吸血性卵発育を行うことが報告されている。

１９８５年に西アフリカのナイジェリア北部にあるジョス大学医学部を支援するＪＩＣＡのプロジェクトに参加したおり、当地の近縁種の S. ruficorne および S. nigritarse でも観察する機会があった。

しかし、この2種では期待に反して、無吸血性卵発育はみられなかった。

では、ヒロシマツノマユブユ雌成虫の無吸血性卵発育という特性は移動分散に有利に働くのかどうか、少し考察を加えてみたい。

移動の過程は一般的に次のように説明される。鳥を吸血中の雌成虫が鳥の飛翔とともに新天地へ到着し、そこで鳥から離れ、流水系を探して産卵する。孵化した幼虫は、蛹まで無事に生育し、雌雄の成虫まで育つ。雌成虫は、雄成虫と交尾のあと、吸血源となる哺乳動物や鳥を探索する。もし吸血源となる哺乳動物や鳥がいなければ、新天地での第1世代で絶えることになり、移動後の定着は不成功に終わる。

一方、蛹から羽化したヒロシマツノマユブユの雌成虫は交尾後に吸血しなくても第2世代の卵を産むことができる。ここが卵発育に血液を必要とする他の種とちがう点である。つまり、移動先の新天地に吸血源となる哺乳動物や鳥がいない場合は、本種だけが生き残れるということになる。未吸血性卵発育という特性は本種の地理的分布の拡大に大きな役割を果たしているとみてよいだろう。

ブユの幼虫の生息には、ある程度の流速が必要で、水温も25度以下が適している。それより高いところでの生息は稀だ。しかし、本種の幼虫は、ちがう。ほとんど止水に近い水田や道沿いの小さな側溝のほんのわずかな流れにも生息が観察されている。また、私の観察ノートでは、水温が33・4度とかなり高い環境でも本種の生息を記録している。

このような本種幼虫の水環境への適応度の高さも、新天地での幼虫期の生存を保障する割合を高くすることが期待されるので、移動分散にあたって他種よりも有利なもう一つの要因と考えてよいかもしれない。

9　オオブユ属2種の変わった産卵方法

九州本土では、グアテマラからＪＩＣＡの研修生として来日していたJ. O. Ochoa博士や鹿児島県衛生研究所の山本進先生たちと調査をすすめ、９種を新たに分布種として追加し、合計23種を数えることになった。

このうち、１９７７年9月に郷里の熊本県の菊池川で採集した新種キュウシュウヤマブユS. kyushuenseは後日、牛のオンコセルカ種O. lienalisの媒介をしていることがわかったが、当時は予想もつかなかった。

一方、九州に分布する既知種のうち福岡の英彦山から雌成虫だけに基づいて記録されていたオオブユ属の2種はこのときには採集されなかった。１９８０年に私が大分に転勤になったあと、この2種のブユの蛹や幼虫を英彦山に近い耶馬溪や宮崎県との境にある祖母山山麓で初めて採集することができた。

両種とも年に一度成虫が羽化する一化性の生活史をもつが、幼虫が卵から孵化する時期が異なっていた。春に産みだされた卵はミヤコオオブユProsimulium kiotoenseでは夏を過ぎて秋になって初めて孵化がみられるが、キアシオオブユP. yezoenseではさらに遅く翌年の1、2月頃に孵化がみられた。

また雌成虫の産卵は水中ではなく、水辺の湿ったコケの上でみられることが明らかになった。これは、当時大分医科大学の同僚であった動物生態学が専門の馬場稔博士の野外観察と室内実験に基づくすばらしい成果である。

ブユの産卵は、成熟卵をもつ雌成虫が岸辺の植物に止まったあと水中に垂れる枝や葉を伝って水中に匍匐しながら潜り枝や葉の表面に塊として産み付ける方法や、水面すれすれにホーバリングしながら卵を個別に水中に放り込む方法などが一般的だが、コケへの産卵はそれまで世界の誰も気づいていなかった。同時期に日本から遠く離れた欧州ドイツでブユの研究をしていたZwick博士夫妻も同様なオオブユ属の特異的な産卵を発見していたのは面白い偶然である。

ブユの幼虫には、普通頭部に一対の扇状の器官labral fanがあり、流下してくる微細な植物片やプランクトンなどを濾取る機能を備えている。オオブユ属の幼虫には2期幼虫から終齢幼虫まではこの器官が備わっているが不思議なことに1期幼虫にはそれがない。何故か。その理由が永らく不明であった。馬場博士やZwick博士夫妻の発見はその疑問にも答えるものとなった。彼らの発見によると、オオブユはコケの上に産卵する。孵化した1期幼虫はコケの上で過ごし、脱皮した2期幼虫以降は水中生活に移る。1期幼虫は水中生活をしないので、濾す器官が不要なのだ。形態の特徴はその種の生態と深く関係していることを示すよい例である。

10 ウマブユ亜属の種名の変遷

九州で採集された23種のうち、1977年に大分の湯布院で採集されたタカハシウマブユS.

takahasii は、分類学的に種の同定が混乱したウマブユ Wilhelmia 亜属に属する。

　ウマブユ亜属はブユ属37亜属の一つで、27種が含まれ、欧州や当時のソ連、日本を含む旧北区に広く分布する。雌雄成虫の生殖器の形態や蛹の呼吸器官が特徴的で他の亜属とは簡単に区別できるが、この亜属内のどの種も形態的にはよく似ており、種の同定の難しいグループの一つである。

　ちなみに欧州に広く分布する S. equinum は、「分類学の父」といわれるスウェーデンの Carolus Linnaeus により1758年に記載された最初のブユ種であるが、その後別種として記載された22種がこの種のシノニム synonym とされている。

　シノニムとは同種異名のことで、同じ種に複数の学名がある場合だ。この場合は、年号の早いものに優先権が与えられており、遅く発表された種名はシノニムになるので無効となる。シノニムの種の多さは、種の同定の難しさを物語っている。

　我が国のタカハシウマブユは、当初欧州の S. equinum あるいは S. salopiense（現在は S. lineatum のシノニムとなっている）と呼ばれていた。旧ソ連のブユの分類学者 I. Rubtsov 博士は、E. Lindner 編『Die Fliegen der palaearktischen Region 旧北区のハエ類』シリーズの14巻で『Simuliidae ブユ科』（1959～1964年、689頁）の大著を執筆し、そのなかで我が国のブユにいくつかの新種名を与えた。タカハシウマブユはそのうちの一つだ。日本の標本は欧州の標本と形態的に異なるとして、私の尊敬する高橋弘先生の名に因んで S. takahasii の新種名を与えた。以後、今日までこの学名が用いられている。

（Rubtsov 博士は生涯で369種もの新種ブユを記載している。これは当時のブユの世界記録である。また、世界のブユの系統分類にも熱心で欧米研究者とは異なる独自のモデルを提案している。スケールの大きな研究者がいるものだと感心したものだ)。

2015年、米国のクレムソン大学のブユの分類・生態学者P. H. Adler教授(現名誉教授)は、英国とユーラシア大陸の各地に分布するS. lineatumが、それぞれが複数の独立種なのか、あるいは、広い分布域をもつ1種からなるのかを、ブユ幼虫の唾液腺染色体の縞目模様のパターンを解析して調べた。その結果、4種の存在を明らかにし、狭義のS. lineatumは英国と欧州、S. balcanicumは欧州、S. turgaicumは西アジア、およびS. takahasiiは我が国を含む東アジアにそれぞれ地理的分布が限られることを確認している。このなかでS. balcanicumとS. turgaicumはS. lineatumのシノニムとされていた種名であるが、有効種として再起を果たしたわけである。

このようにしてS. lineatumにまつわる長年の疑問がやっと解決されたわけである。ただ、最近になって、中国でブユの新種が数多く記載され、ウマブユ亜属でもS. takahasiiと別に7種が記載されているので、これらの検討という新たな問題が生じている。多くはシノニムになる可能性が高いのではないかと思われている。

(Adler博士とは1985年にペンシルバニア大学で開催されたブユのシンポジウムで会って以来、「ピーター」、「ヒロ」とファーストネームで呼び合う間柄で、今日までいくつもの共同研究を行ってきた。論文原稿の英文の校閲など、研究以外でもとても御世話になった。彼は北米大陸のブユに関して『The black flies (Diptera: Simuliidae) of North America 北米のブユ(ハエ目ブユ科)』(2004年、941頁)の大著にまとめている。彼は、欧米だけでなく、アジアや中南米などにも頻繁に出向き、共同研究を通じて現地の若い研究者の育成にも積極的だ。また、Crosskey博士が立ち上げた世界のブユのリスト『World Blackflies (Diptera : Simuliidae): A comprehensive Revision of the Taxonomic and Geographic Inventory』の作成、発行の責任者を数年前から引き継いでいる。Adler博士は、私よりもずっと若いが、研究能力に秀でているだけでなく、誠実で、とても謙虚で、私の尊敬する理想的な研究者だ)。

11 タカハシウマブユの狭所交尾性

九州ではタカハシウマブユは大分県の湯布院盆地の水田域を緩やかに流れる灌漑用水路だけから見つかっている。１９８０年4月に鹿児島大学から新設間もない大分医科大学へ転勤したので、本種を再度調査する機会を得た。

タカハシウマブユの終齢幼虫は水草の茎や葉の上に靴型の繭を編んで、そのなかで蛹となり羽化までの数日を過ごす。蛹の入った繭の付着した水草を採集しビニール袋に入れておくと、翌日から羽化した成虫がみられる。ほとんどは午前中に羽化を終える。羽化した成虫はビニール袋のなかを光の指す方向に集まる習性がある。忙しそうに這い回る成虫を観察していたとき、交尾中のカップルがいくつか見つかった。偶然の発見であった。大分への転勤がもたらした幸運の一つとなった。

ブユの仲間は、試験管やビニール袋などの狭い空間で交尾したり、吸血したりするのは稀だ。このため、室内での累代飼育が難しい。狭い空間で交尾をすることを「狭所交尾性 stenogamy」という。我が国のブユ78種のうち、この狭所交尾性が確認されたのは今のところこのタカハシウマブユだけである。

さらに、雄成虫はほかの種の雌成虫を近づけてやると飛びついて交尾体勢をとることもわかった。

つまり、雄成虫は視覚により交尾行動が誘発されているようだ。ただ、この場合は、精子の伝達までには至らない。

また、交尾時の精子伝達は精子の入った雄の分泌するゼラチン様の透明な袋が雌の生殖器に受け渡されることを観察した。精子の入った透明な袋を「精包 spermatophore」という。雄1個体の交尾の回数や1回の交尾に要する時間などがわかった。1回の交尾は3分ほどで、それより前に強制的に終わらせると精包を形作るゼラチンがまだ固まりきっていないので、精包形成が未完成に終わり、精子が雌に伝達されることはない。

ブユの交尾に関する観察例は世界でも少なく、Crosskey 博士著『The natural history of blackflies ブユの博物学』（１９９０年）には、ブユの交尾は3秒で済むというドイツの研究者の報告を引用しているが、今回の観察結果からすると、怪しまざるを得ない。

本種はケージ内で羽化雌成虫の吸血行動を、一部ではあるが、誘導できる。この特性を利用して感染実験も行った。驚いたことに、本来蚊が媒介する犬糸状虫 *Dirofilaria immitis* の仔虫も、蚊の場合と同じく、ブユのマルピギー氏管で感染幼虫に発育することがわかった。糸状虫の仔虫が蚊やブユの体内で発育場所としての胸部筋組織やマルピギー氏管という特定の場所をどのようにして識別しているのだろうか。不思議に思う。

第四章　ヨナクニウォレスブユの仲間を求めて

――フィリピンと台湾の調査から――

このように九州と南西諸島でのブユ調査により、少しずつブユの分類や生態の基礎も学ぶことができた。同時に S. yonakuniense の発見により、島嶼におけるブユの生物地理学への関心が高まってきた。このことが熱帯アジアのブユ調査への私の期待を一層ふくらませたことはまちがいない。そのような私の願いに応えるかのように、次へのステップとして大きかったことは、鹿児島県の育英財団が、南西諸島の南に連なる台湾とフィリピンにおけるブユ調査の実現を資金面で支えてくれたことだ。

この育英財団はおもに中学、高校の英語や音楽、美術の先生方の海外研修を毎年支援していたが、大学の若手研究者にも1、2名の枠を設けていた。私は1975年度の募集に応募し、採択された。当時、このような育英財団は他県にはみられなかった。鹿児島に職を得、師と仰ぐ大先達に出会い、さらに海外調査の奨学金までいただいた。人材育成に熱心な薩摩の土地柄に感謝したものだ。

フィリピンと台湾に出かける前に、1975年の9月から3カ月間、東京大学医科学研究所で開講された第二回熱帯医学研修コースの研修生10名の1人に選考され、全国の基礎から臨床まで各分野の多くの専門家から熱帯医学の講義と実習を受けることができた。この研修コースの主任は、佐々学教授だった。熱帯医学、寄生虫学、衛生動物学の碩学で、数多くの研究論文のほかに、あの『風土病との闘い』をはじめ『自然こそ我が師』など多くの啓蒙書も出版されている。ツツガムシを含むダニ類、蚊、ユスリカ、マラリア、糸状虫症など先生の研究対象は幅広く、しかも奥が深い。このコースで、豊富な調査経験に基づく魅力的なお話を先生から直に聞けたことは実に幸運であった。

1　フィリピン群島の調査行

1976年1月に、フィリピンを初めて訪ね、約半年間滞在した。これは私にとって初めての本格的な長期海外調査で幾分不安もあった。しかし、同伴した妻（朝子）の存在と支えもあり、無事に調査を進め、予想以上の成果をあげることができた。

マニラではマビニ通りの安いホテルやアパーテルを拠点にし、近くのエルミタ通りにあるフィリピン大学公衆衛生学部寄生虫学講座に歩いて通った。

このフィリピン調査では、この講座のB. D. Cabrera教授に大変お世話になった。マニラに到着の翌日にCabrera教授に挨拶のため学部長室を訪ねた。お会いするなり張りつめていた緊張が一瞬に緩んでしまった。教授は予想もしていなかったTシャツ姿で、さらに、そのTシャツの胸のロゴ「Kiss me please」が目に入ったからだ。日本の大学ではまず見られない光景だ。

Cabrera教授は糸状虫症の研究を専門とされ、フィリピン各地の流行地で感染の実態調査を進められていた。当時、Cabrera教授は学部長を兼任されており、いつもは学部長室で仕事をされるとのことで、空いている講座の教授室を私に提供していただいた。広々とした部屋には立派な実体顕微鏡も用意してもらった。これは東京医科歯科大学医動物学講座の篠永哲先生がハエ類調査でフィリピンを訪ねられたときに寄贈されたものだそうだ。ありがたいもので、その後私が採集したブユの標本を同定する上で、この顕微鏡が大いに役立ったのはいうまでもない。

Cabrera 教授は気取らず社交的な方で、私のブユ調査にも大変協力的であった。私がマニラから地方へブユ採集調査にでかけるときには、その都度、快く厚生省に紹介状を書いていただいた。この紹介状と調査日程表を持って厚生省の A. N. Acosta 副大臣を訪ね、調査実施への協力をお願いした。副大臣にはこれから訪ねる地方の衛生研究所の所長宛に紹介状を書いてもらったほか、飛行機の現地到着の日時を知らせる電報も先方に打ってもらった。

後にミンダナオ島で採集した新種ブユの一つを S. acostai としたのは私のささやかな感謝の気持ちからだ。

調査の準備段階では、目的地と日程を決め、マニラの旅行会社に出向き、航空券の手配をする。地方の空港に到着するとその地方の衛生研究所の職員が車で必ず迎えに来てくれていた。まず、衛生研究所へ向かい、所長に挨拶をし、調査のあらましを慣れない英語で説明し、案内人を1名、ドライバー付車を1台お願いする。そのあと、ホテルにチェックインし、その日の午後あるいは翌朝からブユ採集という段取りだ。

マニラ滞在中は世界保健機関の西太平洋支所やほかの大学も訪ね、いろいろな体験をすることになった。その一つを記しておきたい。

マニラのすぐ北にケソン市がある。高橋先生の紹介状をもってアラネタ大学農学部のP. V. Reyes教授を訪ねた。小柄で白髪のReyes教授は私たちの訪問を大変喜んでくれた。

今回のフィリピンにおけるブユ調査の目的などを話し終えたあとに、教授から「ここにはブユを研究している人がいないので、学生向けに講義をしてほしい」と頼まれた。予想もしていなかったし、英語で講義などしたこともなかったので、これは大変だと思った。しかし、よい経験になるかなと思い、「では2カ月後に」と約束をした。そして、約束の日の数日前に、驚いたことに、Reyes教授から電報が届いた。文面は、「Remember Araneta アラネタを忘れないで」。

当日、大学に約束の時間より少し前に到着し、Reyes教授の部屋を訪ねた。昼食後の仮眠中とのことでしばらく待った。

午後1時半位に、講義室へ案内された。部屋に入るなり驚いた。大講義室に100人を超す学生が待っていた。他の講義は休みにして学生をここに集めているとのこと。当初、昆虫関係の数人の学生が対象の講義と思っていた。覚悟を決めてやるしかない。スライドもないので大変だったが、黒板を使って、拙い英語での講義とその後の質疑応答を何とか終えた。蚊は良く知られているので、それと対比しながらブユの形態、生息場所、吸血習性、病気の伝播について話した。

講義のあと、学内のカフェテリアで軽食とお茶のメリエンダに招待された。教授陣だけでなく講義に出席していた海外からの留学生も10数名招待されていた。米国からの学生もいた。ここで獣医学を学んでいるとのこと。留学といえば、発展途上国から先進国へとばかり思っていたので驚いた。その逆の例を初めて目の当りにした。

ルソン島

ルソン島の最初の採集調査地は、ロスバニョスだ。マニラの東にある町で、国際稲研究所で有名だ。マニラからバスで1時間ほどだ。秀麗なマキリン山の麓にフィリピン大学の農学部の広大なキャンパスがあり、そのなかのゲストハウスに泊まる。

初日は、昆虫学教室の学生2名に案内してもらい、キャンパス内の鬱蒼とした自然林を流れるいくつかの渓流で採集した。2日目は、キャンパス外の水田地帯の川でも採集をした。

この調査では、フィリピンで記録されている18種のうち、*S. carinatum* や *S. melanopus*、*S. discrepans* を採集したほか、数種の新種が採集された。*S. carinatum* と2新種 *S. cabrerai* と *S. makilingense* は、与那国島で採集した *S. yonakuniense* の仲間であることが分かった。

また、蛹から羽化させた標本をもとに検討してみたところ、*S. melanopus* の雌雄の組み合わせはまちがいで、本種の雄とされたものは、実は *S. discrepans* の雄であることも分かった。

ルソン島北部の調査では、まずマニラから前日に予約していた早朝のバギオ行のバスに乗った。バスには女子学生の一行が同乗しており、音楽がかかるなり歌いだし、数人は席から身を乗り出して踊りはじめた。一緒に踊ろうと私たちにも気軽に声をかける。運転手も注意するどころか一緒に楽しんでいる。

アジアのなかにあってフィリピンは唯一スペインの支配下に置かれた。そのときの影響があるのか、陽気で、音楽とダンスを楽しむ気質は、のちに訪ねた中南米のラテンの国々と共通しているようだ。

バスは、ルソン島中部の平地を延々と続く水田地帯を北上する。途中、後に大噴火をしたピナツボ火山を遠望しながら進む。やがて急な坂道が続き、昼過ぎに標高約1000mの町バギオに到着する。ここは避暑地として有名で、夏場にはマニラから多くの人が訪れる。

早速、衛生研究所を訪ね、所長に挨拶をし、厚生省からの紹介状を渡す。その日が金曜日だったこともあり、土、日曜日は休日なので実際の調査協力は翌週の月曜からということになった。当時、フィリピンでは土曜日もすでに休日になっていた。私は、「2日間も採集ができないのか」と残念に思った。

少々落胆して研究所を辞し、町角のカフェテリアで遅い昼食をとった。たまたま、近くのテーブルにいた地元の客と親しくなり、日本からブユ採集に来たこと、バギオでの調査のあとは、アバタンを経て、ライステラスで有名なバナウェーまで行く予定などを話した。その客は「私を雇わないか。自分はジープを持っているから、これからすぐに出発すればアバタンまで行ける」とのこと。話が決まり、チェックインしたばかりのホテルをすぐにチェックアウトしてジープを待った。彼はドライバーとともに現れたが、予備のタイヤを2本と驚いたことにライフル銃まで用意していた。

バギオの郊外の松林を抜け、尾根伝いの狭い山道を北上した。沿道に人家などほとんど見かけることもなかった。ジープは覆いがないので、埃がすごい。アバタンに着く前に日が沈み、ジープは真っ暗闇のなかを走り続けた。日暮れ前には着くと予想していたので暗中のドライブが急に不安になってきた。

アバタンになんとか無事に着いたときは本当に胸をなでおろした。宿を探し、「アバタンイン」という名の宿にチェックインした。宿のおかみさんは、埃だらけの私たち2人の顔をみて、水の入ったバケツを差し出しながら、「あなたたちはよくここまで来たね」と驚いていた。実は、第二次大戦の終戦間際にフィリピンに駐留していた日本帝国陸軍山下将軍の部隊がルソンの山奥のアバタン方面まで敗走してきたのだという。そのとき被った住民の苦難は相当なものでいまでも多くの人が日本人への恨みや憎しみを強く抱いているとのこと。

バギオからアバタンまでの道はおもに尾根伝いに走るのでなかなか流れには遭遇しない。しかし、運よく途中で1本の流れを見つけブユを採集することができた。このとき採集された種は4本の呼吸管を持っており、我が国のウチダツノマユブユと同じく、Nevermannia 亜属の S. vernum 種群に属することが分かった。さらに、羽化した雌成虫の形態的特徴から既知種の S. aberrans であることが分かった。本種は、雌以外は知られていなかった。雄、蛹、幼虫の採集は初めてだ。

バギオからバナウェーへは、毎日早朝に出発するバスが1便だけある。アバタンは正午頃通過する。翌朝、バギオからのバスを待つ間、山の稜線の左右の谷底へ急いで下り、ブユ採集をした。本流で採集した種は既知種の S. melanopus と思っていたが別種とわかり、あとで地名に因んで S. abatanense とした。支流の細流からは私が見たこともない新種の蛹も採集できた。なんとこの蛹の6本の呼吸管は短く、先が丸く膨れている（図2のH）。この新種は後で記すように、バナウェーでも採集された。S. banauense と名付ける。

バギオからのバスは少し遅れて着いた。ほぼ満員であったが、なんとか乗せてもらった。バスには屋根はあるが、両側の仕切りがない。座席といえば、長い板のベンチが横向きに数列渡してあるだけだ。中央の通路もなく、乗客はその列の両脇から乗降せざるを得ない。乗客の荷物はバスの屋根や側面の床下空間にすし詰めである。脚を縛られた豚や鶏も混じっている。

アバタンから険しい山道を抜け、4時間ほどかけてバナウェーに着く。町は大きな谷を眺める尾根沿いに位置し、対岸には下の川岸から尾根近くまで幾層もの千枚田いわゆる「ライステラス」が夕日に美しく映えている。ここはライステラスを見に来る観光客のためのホテルもあり、その一つに泊まる。窮屈なバスの旅から解放され、ほっとする。

翌日から3日間トライシクル（三輪のバイクの乗り物）を雇い、ブユ採集に専念。あまりブユ採集に気を取られていたので川面から頭をあげたとき、すぐ目の前に槍を片手に仁王立ちになっていた半裸のイフガオ族の男性と出くわしたときには息が止まる思いだった。

ここでは S. yonakuniense の仲間の新種が見つかった。この種の蛹の4本の呼吸管（図3のD）は短く、表面がいくつもの大小の円錐状の突起で覆われている。4本の呼吸管のうち1本は背面に反り返っている。まるでタコの足のようだ。これほど込み入った形状をした呼吸器官を見るのは初めてだ。多くの棘の備わった呼吸管という意味で S. spinosibranchium と名付ける。

さらに、アバタンで採集した新種 S. banauense およびその仲間が2種も採集された。2種のうち1種は普通の細長い6本の呼吸管（図2のA）をもっていたが、もう1種の呼吸器官は、これも初めてみるが、ソーセージ状に膨らんだ2本の短い管とそれぞれの先端部に2本と4本の細い呼吸管（図2のE）をもつ。S. ifugaoense と名付ける。この3種は成虫胸部の膜質部と下胸部が有毛である点、オーストラリア区のMorops亜属の特徴を備えているが、雌成虫の爪に大きな突起をもち、雄の生殖器に棘parameral hooksをもつなど、同亜属のどの種群とも違っていた。これら3種を含む種群の名前としてS. banauense種群を設けた。この種群はフィリピンの固有のものと思っていたが、あとで、インドネシアのスラウェシ島からも1種見つかっている。

ここからマニラに戻るには、直行バスがなかったので、乗合の小型バスや派手に飾り付けをしたジープニーで町から町へ乗り継いだ。この種の乗り物は、客が満員になるまで出発しないので、時間がかかってしようがない。途中、小さい町で窓ガラスの割れた安宿に一泊せざるを得なかった。まともな食堂もなく、道端で買ったバナナや青マンゴを食べ空腹を凌いだ。

翌日やっとの思いでマニラへ戻り、久しぶりに見た新聞記事に肝を冷やした。なんと、バギオ発バナウェー行のバスが新人民軍を名乗る反政府ゲリラに襲撃されていた。私たちが乗った3日後のことだ。そんなに危険な地域とは認識していなかった。バギオで雇ったジープの持ち主がライフル銃を携行した理由がやっと読めた気がした。

ルソン島の南、ソルソゴンへはマニラから空の便があり、富士山に似たマヨン山の麓の町に滞在し、ブユの採集を行った。ここでは、既知種S. baisasaeに成虫と幼虫がよく似た新種が見つかった。この新種は蛹では呼吸管の数がS. baisasaeの6本とは異なり、10本であった。あとで、地域名のビコールに因んでS. bicolenseと名づけた。両種は、あとで採集されたS. visayaenseとともにGomphostilbia亜属に新しく設けたS. baisasae種群を構成する。これまで、この種群はフィリピン以外では見つかっていない。

ミンドロ島

次に、ルソン島のすぐ西にあるミンドロ島を訪ねる機会があった。この島には美しいビーチがある。あるとき、そのビーチの持ち主という米国人のビジネスマンがCabrera教授を訪ねてきた。ビーチをリゾートとして開発したいが、問題があるという。「ニックニック」という吸血昆虫の被害に困っているとのこと。私が調査しているブユも同じく吸血昆虫だから、調査を引き受けてほしいとの依頼だった。

ミンドロ島ではビーチの所有者の敷地内にある、ヤシの葉で屋根を葺いた高床式のビーチハウスに1週間滞在し、問題の吸血昆虫の調査を行った。

妻も私もビーチに出た途端身体中に虫が飛んできたので驚いた。体長2㎜ほどの小さい吸血鬼はブユではなく、クロヌカカ *Leptoconops spinosifrons* で、フィリピンだけでなく、東南アジアやインド洋の島々のビーチでも被害を与えている種であることがわかった。生息場所が砂地なので対策は容易ではないと思った。調査結果を持ち主に提出したが、その後この昆虫の対策がとられたのかどうかは聞いていない。

この仲間は、日本にも分布しており、鳥取県や奄美諸島、沖縄の慶良間諸島などの砂地に発生し、人を吸血する。

ミンドロ島ではブユ採集の機会もあったが、このときは、わずかに既知種の *S. baisasae* が採集されただけであった。なお、30年後の2006年に再びこの島を訪ねたときは、8種を採集した。このな

かには *S. yonakuniense* の仲間の *S. tuyense* と *S. suyoense*（図3のA）も含まれる。

ビサヤ諸島

フィリピン中部の島々は、西からパナイ島、ネグロス島、セブ島、ボホール島、レイテ島、それにサマール島からなり、ビサヤ諸島とよばれている。この地域の調査は、サマール島を除いて一度に計画したので、フィリピン滞在中でもっとも長いブユ調査行となった。

まず、マニラからセブ島に飛び、次に西隣りのネグロス島南部の町ドゥマゲティへ、さらに北部の町バコロドへ飛んだ。そこから対岸にみえる隣りのパナイ島のイロイロへはフェリーで渡る。パナイ島からフェリーでバコロドに戻り、そこからセブ島へ戻り、次にボホール島へ飛ぶ。そこから一旦セブ島に戻り、レイテ島に飛んだ。レイテ島で調査を終えたあとマニラへ戻った。

航空券はマニラの旅行社で手配してもらった。夫婦の場合、片方は半額に割引される。また、航空券のなかにはバコロドとイロイロ間のように実際は便がないものも含まれていて不思議に思ったが、そうしないと周遊券としての体裁がとれないので実際の航空券の合計金額の方が割高になるという。便宜上とはいえ、架空の航空券をもらったのは後にも先にもこのときだけだ。

また、マニラと同様、どの町のホテルでも宿泊料が部屋あたりの値段で、客が1名でも2名の場合も同じだ。3日以上連泊すれば、さらに割引があった。予算の少ない私たちにとっては、願ってもないことであった。

パナイ島

私たち夫婦は、どの島を訪ねたときも温かく歓迎され、所長や担当の職員から昼食や夕食時にレストランや自宅に招待を受けた。私一人であればこんな歓待はないのではと思った。同行した妻あってのことだ。妻に深く感謝。

食事への招待といえば、こんな経験もあった。パナイ島を訪ねたとき、F. S. Gatchalian 所長から「いまから迎えの車をよこすから朝食を一緒にしましょう」と朝6時頃に電話がかかってきた。朝食は御粥であった。

朝食に招待を受けたのは生まれて初めてのことだった。あまりにも意表をつかれたため、フィリピンではこれは普通のことなのかどうか聞くのも忘れていた。この島では新種は採集されなかった。あとで訪ねたミンダナオ島で採集された新種の一つに、少々呼びにくいが、所長の名前をとって S. gatchaliani とした。初めて経験した朝食招待へのお礼の気持ちを込めた。

なお、後で訪れたマレーシアでは、食堂で朝食に御粥を食すのは普通であることを知った。

ネグロス島

ネグロス島では北のバコロド市から車で南下し、中部のマンブカルで採集を行った。既知種の S. canlaonense を探したが、採集できなかった。この種は、我が国のキアシツメトゲブユ S. bidentatum の仲間だ。現在、Simulium 亜属に新しく設けた S. argentipes 種群に属する。

しかし、ルソン島で採集した S. banauense 種群に属する2新種 S. manbucalense と S. riverai が採れた。

S. manbucalense の蛹の呼吸器官（図2のF）は S. ifugaoense のによく似ている。

さらに、S. baisasae の類似種で、蛹の呼吸管の数が一定していない珍しい種が見つかった。地域の名をとって S. visayaense と名付けた。

多くの蛹は左右とも8本または9本、しかしある蛹では8本と9本と左右で異なっていた。呼吸管8本の蛹と9本の蛹だけが採集されていたならば、それぞれ別の種とする解釈も成り立つ。このときは左右で異なる呼吸管数をもつ蛹が見つかったことで、これらはいずれも同じ種に属し呼吸管数のちがいは種内変異だろうと解釈した。

蛹の呼吸器官は種の同定に重要な形質であって滅多に変異はみられない。この種のように種内変異が見られることは本当に珍しい。日本ではヨナゴツヤガシラブユ S. yonagoense が例外的に5本と6本の呼吸管をもっている。後にジャワ島の S. eximium でも同様な呼吸管数の種内変異がみられた。この場合は、呼吸管数は、9本と10本であった。同じ流れから少数の蛹しか採集されない場合は、左右の呼吸管の数が異なる中間型が見つからない可能性もある。この場合に、2種が生息しているとまちがった解釈をしてしまう可能性がある。種の見極め方も経験を重ねなければ容易ではない。

ボホール島

ボホール島には、サンゴ礁の隆起でできた、お椀を逆さにしたような円形の丘がいくつもあり、チョコレートヒルの島とも呼ばれる。島の中央部まで乗合バスで向かい、いくつかの湧水を見つけ、ブユ採集を試みるが、本当に数個体の蛹、幼虫しか採集できなかった。

ブユはきれいな流水に生息する。ここの湧水からの流れはブユの生息地に適しているように見えたが、ブユ数が少ないのは、水源にあまりにも近いため栄養分が乏しいのか、あるいは石灰岩が溶け出した硬い水質が原因なのかもしれない。見るからにブユがいそうな流れには大体予想にたがわずブユが見つかるものだが、ボホール島は予想がはずれたよい例だ。

ただ、運よく新種 S. salazarae が1種見つかった。この種もルソンのバナウェーで採集した S. banauense 種群の種である。

レイテ島

レイテ島には、日本住血吸虫症の流行地がある。島の中心の町タクロバンにはこの病気の研究所があり、日本人専門家も派遣されていた。この島のブユ調査ではできるだけ流行地を避け、この近くの流れで採集するときには、念のためセルカリアの感染を防ぐために長靴をはいた。

この病気は水中にいる宮入貝が中間宿主となり、この貝の体内で発育したセルカリアと呼ばれる幼虫が貝から泳ぎ出し人の皮膚から感染する。侵入した寄生虫は門脈で成虫となり、産みだされた無数の卵が毛細血管に詰まるので、肝臓や脳などに重篤な影響を与える。

ブユ採集は地形的に急峻で足場の悪い滝などをのぞけば、それほど危険ではないが、場所によってはこのように水中に思わぬ危険が潜んでいるところもあるので注意が必要だ。寄生虫ではないが、水辺に待ち構える蛭は吸血されると嫌だが病原体を媒介することはほとんどないのでそれほど心配する必要はない。ただ、あのヌルヌルした姿には私はどうしても馴染めない。

レイテ島での調査には、衛生研究所の職員のほかに銃を携帯した警察官が1名同行した。ここはゲリラの出没はあまりないそうだが、この島は第二次大戦の激戦地の一つだったところで日本人に対する住民の反感は大きいとのこと。不測の事態を思っての配慮だったのだろう。

衛生研究所の所長に招待されてレストランで夕食をとっているときのことだ。日本人が来ていると聞きつけた1人の老婆が入ってくるなり「My husband was killed by Japanese soldiers 私の夫は日本兵に殺された」と私たちに向かって大声で叫んだ。所長が「この人たちは戦後生まれなので、戦争の責任はないですよ」とその場をとりなしてくれた。戦後30年経ったときのことであるが、戦争被害者およびその家族の心の痛みはいつまでも消えることはないのだ。

レイテ島と東隣りのサマール島は立派な橋で結ばれている。当時のマルコス大統領のイメルダ夫人の故郷に日本の援助で造られたとのこと。このような橋はフィリピンへの戦争の償いの一つであろうが、人の心の痛みまで癒すことはできないであろう。戦争の酷さを痛感する訪問ともなった。新種の一つに S. leytense と島の名前をつけたが、この種名を口にするたびに未亡人となった老婆の姿が思い浮かぶ。

ミンダナオ島

フィリピン南部に位置するミンダナオ島はルソン島に次ぐ大きな島だ。出発前に、ミンダナオの調査を計画しているとき、フィリピン大学の研究室のみんなが「あの島はゲリラが危ないから、やめたがよい。それでも行くなら、ダバオ市から郊外へは出ないように」と忠告をもらっていた。カトリック教徒の多いフィリピンのなかではミンダナオは例外的にイスラム教徒も多い。分離独立を旗印に掲げる勢力が勢いを持つコタバトを含む西部の州やスルー諸島で政府軍との交戦が続いていた。また、身代金目当ての外国人の誘拐も絶えないとのこと。

忠告に従い、ミンダナオ島では南のダバオ市だけを訪問先に決め、そこを拠点に狭い範囲でのブユ採集となった。マニラからの飛行機のなかで、眼下に広がる鬱蒼たる熱帯原生林を期待していた。しかし、ミンダナオ島はすでに森林伐採が進み、バナナ、アバカ（バショウ科の植物で、葉鞘から繊維がとれる）、やゴムの農園に変貌した景色だけが延々と目に映った。

これでは、あまり期待できないなと思いながら採集を始めたが、ゴム林の脇を流れる小流から既知種の S. ambigens の幼虫と蛹が採集された。雄成虫だけしか知られていなかった種だ。ナンヨウブユ Gomphostilbia 亜属の種でありながら、生殖器がホソスネブユ Nevermannia 亜属の S. ruficorne 種群に似た変わった種だ。あまりの変わりように、フィリピンの Gomphostilbia 亜属の種を三つの種群に分けた折、この1種のために S. ambigens 種群を設けたほどだ。（２００８年に再度訪れたときには、どんなに探してもこの種は採集されなかった。絶滅が危惧される）。

さらに、ダバオから北のコタバト州の境に聳えるアポ火山の中腹の渓流では、S. yonakuniense の仲間の新種 S. ogonukii を含め数種の新種がとれた。

この山を下って、コタバト州へ向かったが、州の境を過ぎてまもなく車が止まった。運転手が「これから先は、危険だ。引き返そう」という。モスレムの反政府ゲリラの出没地域だという。にわかに緊張感が戻る。妻ともども捕まり人質にでもなったら、それこそ大変なことになる。すぐに同意して、来た道をダバオへ引き返した。

ダバオ発の飛行機がハイジャックされたニュースを聞いたのは、調査を終えマニラへ戻って間もなくのことであった。ルソン島北部のバス待ち伏せ襲撃事件といい、今回のハイジャック事件といい、フィリピンで思い知らされた厳しい現実だ。

パラワン島

パラワン島はフィリピン群島のなかで最も西に位置する南北に細長い島だ。マニラから空路島の中心の町プエルトプリンセサに着く。ここではマラリア研究所にお世話になった。研究所のジープを調査用に提供してもらったが、これが年代ものでこれからの調査に不安が募る。座席は板を並べただけだ。これで凸凹の悪路を走るのでお尻が痛くてかなわない。このおんぼろジープで南の町ブルクスポイントへ向かい、途中川があるところで止まってはブユを採集することにした。当時はまだ川に橋も架かっておらず、運転手はその都度浅瀬を探して渡りきる。器用なハンドルさばきだ。その間、妻と私は振り落とされないように必死に座席の板にしがみついていた。

プエルトプリンセサを発って間もなく、道路を跨ぐように大きな看板がかかっていた。「Montible Prisoners Colony」。刑務所か。看板のかかっていたところが入口としても検問もないし、壁も柵もない。そのまま車を走らせ道を横切る渓流を見つけ採集を始めた。いつの間にか周りに数人の人だかりができ、もの珍しそうにこちらをじっと見ている。皆お揃いの作業着を着ている。運転手が小声で「かれらは皆囚人ですが、心配には及びませんよ」という。

ここは囚人の入植地で、刑が確定したあとこの島に送られてきた囚人たちが農作業に従事している最中とのこと。まさか囚人に囲まれてブユを採集するなど思いもよらなかった。脱走する囚人などいないのか、気になった。この入植地からは容易に脱走しても孤島のパラワン島から脱出するのは難しそうだ。私が気にする必要はないか。ここで採集した新種には S. montiblense と名付けた。

目的地のブルクスポイントに無事着いたころには、もう陽が沈みかけていた。道の両脇に数軒の簡素な家が並ぶだけの小さな宿場町だ。その家の一つがマラリア支所だ。女性の担当者にマラリア流行状況をたずねる。血液検査の結果を記したノートを見せてくれた。発熱した住民が検査に訪れるという。検査結果が陽性の人の箇所には「f」と「v」のイニシャルが半数ずつくらい書いてある。「f」と「v」はそれぞれ熱帯熱マラリア原虫 Plasmodium falciparum と三日熱マラリア原虫 Plasmodium vivax の種名の頭文字だ。熱帯熱マラリアは悪性マラリアともいわれ早期に診断し治療しなければ重篤になり、命を落とす場合もある。

媒介者はハマダラカ Anopheles 属の蚊だ。このグループの蚊は主に夜間に人から吸血する。昼間ブユ採集中にしつこく刺しにくるのは主にヤブカ Aedes 類で、熱帯、亜熱帯地域で今なお問題となっているデング熱の媒介種ネッタイシマカ Aedes aegypti やヒトスジシマカ Ae. albopictus も含まれる。つまり、ここでは昼夜を問わず蚊に刺されないように気を配っておく必要があるということだ。

マラリア支所の担当者に宿泊先を探してもらう。案内された宿は、丸木の柱に割って広げた竹を並べた壁からできていた。部屋にはシャワーもエアコンもない。簡素なベッドの上にはちゃんと蚊避けの蚊帳が吊ってあった。しかし、ところどころに穴があいていたので、念のために持参した蚊取線香を使った。水は部屋の入口横に置いてある素焼きの大きなカメに貯めてあった。トイレを尋ねたら、庭の端を指さして、竹で編んだ仕切りでできた小さい囲いがそうだという。まあ、無いよりましだ。ふと見上げると満天に無数の星が輝いている。この日の疲れも忘れて見惚れる。

ここでは、S. quasifrenum や S. epistum などの既知種が採集されたほかに、Gomphostilbia 亜属で呼吸管が4本の珍しい新種も採集された。S. alienigenum と名付けた。ラテン語で「alienigenus」は「変わりものの」という意味の形容詞だ。

この島は、地史学的にフィリピンの他の島々と異なり氷河期に海面が180mほど下がったときに南のボルネオ島やジャワ島などとともにユーラシア大陸と陸続きになった、いわゆる「スンダランド」の一部でもある。したがって、動植物相は大陸のものと似ているといわれる。ブユの種類でも大陸部と氷河期に大陸と繋がっていたいわゆる「大陸島」にだけ分布する Simulium 亜属 S. tuberosum 種群の S. quasifrenum がフィリピンではここだけに分布するなど、予想通りの結果が得られている。S. alienigenum に似た新種が2015年にボルネオ島のインドネシア領カリマンタンとマレーシアのサバ州から採集された。パラワン島とボルネオ島を結びつけるもう一つの例だ。因みに、後で見つかった新種には S. kalimantanense と名付けた。

フィリピンのブユのまとめ

フィリピンで採集したブユ標本をもとにした分類学的研究の成果は、1983年にモノグラフ『The blackflies (Diptera: Simuliidae) of the Philippines』として日本学術振興会から出版された。

要約すると、フィリピンのブユ相は、既知種18種に新種39種を加え、合計57種に増えた。これらのブユ種はSimulium属のもとEusimulium（4種）、Gomphostilbia（13種）、Morops（8種）、Simulium（24種）、Wallacellum（8種）の5亜属に分けた。また、Gomphostilbia亜属では初めて種群レベルでの分類を試み、S. ambigens、S. baisasaeおよびS. ceylonicumの3種群を設けた。前者の2種群はフィリピン固有のグループだ。Simulium亜属では既知のS. nobile種群およびS. tuberosum種群の他にS. melanopus種群を新たに設けた。

5亜属のうちWallacellumはS. yonakunienseとその仲間のために新たに設けた亜属だ。亜属名は自然淘汰による進化論で有名な博物学者Alfred R. Wallace博士に因む。博士の名前がつけられた属や亜属名は当然すでにあるのではないかと思ったが、なぜか無かった。私にとっては幸運であり、光栄でもあった。

亜属名Eusimuliumは後にS. aureum種群にだけ適応されるようになり、S. montium種群（後にMontisimulium亜属に格上げされた）を除く他の種群の上位には亜属名Nevermanniaが用いられるようになった。フィリピンの旧Eusimuliumの4種は現在ではNevermannia亜属の3種群（S. feuerborni, S. ruficorne, S. vernum）に分類される。

Moropsは本来オーストラリア区の亜属で雌雄成虫の胸部の下部のほか、側面の膜質部にも微毛をもつ。この特徴で膜質部が裸出するGomphostilbia亜属と区別されていた。フィリピンで胸部の膜質部に微毛を有する種が見つかり、それらをMorops亜属に含めた。ただ、この膜質部が有毛である点を除けば、雄の生殖器や雌の爪の形質などはGomphostilbia亜属に一致する。

２００3年にインドネシアのイリアンジャヤで採集したMorops亜属の種を詳細に検討する機会があり、その結果、Morops亜属に分類していたフィリピンの種はすべてGomphostilbia亜属に移すことになった。問題となったのはMorops亜属の特徴の一つとして成虫胸部の膜質部に微毛を有する点を重視するかどうかであった。最終的には、この特徴の重要度を下げ、雌雄成虫の外部生殖器の特徴により重きを置いてこの2亜属を定義しなおした。その結果、フィリピンのMoropsに属していた8種をGomphostilbiaに移し、S. banauense種群として扱うことにした。同時に、スリランカのS. trirugosumおよび南太平洋のS. sherwoodi種群の種もGomphostilbia亜属に移した。S. trirugosumは２０１２年にS. varicorne種群に移した。このような両亜属の定義の見直しにより、生物地理学的に非連続的な分布の矛盾も解決することができた。

属や亜属、種群などの定義は一度決めれば変更できないのではなく、新しい資料がでてくればそれに基づいて改定することでよりよいものになっていく。ただ、今回のようにある形質をどの程度重視するかどうかの判断は研究者によって異なる場合がある。MoropsとGomphostilbia両亜属は１９６７年にCrosskey博士によって初めて定義された。今回の36年ぶりの再定義に関する原稿は念のために事前にCrosskey博士に見てもらった。ある程度の批判は覚悟していたが、改定にとても肯定的な批評をいただいた。大家と呼ばれるほど世界的な成果を挙げた人が、奢ることもなく、後進による新たな研究の展開に真摯に向き合い、それを受け止める。包容力のある真の研究者だなと再認識したものだ。

２０００年代に入り、フィリピン大学のLilian de las Llagas教授と私の義理の息子のVictor F.

Tenedero の協力を得て、フィリピンで何度か調査を繰り返すことができた。その結果、Gomphostilbia 亜属で12種、Simulium 亜属で13種、S. yonakuniense の仲間のいる Wallacellum 亜属で6種、合計31種の新種を記載したので、現在では88種を数える。

2　台湾の調査行

１９７６年6月にフィリピンでの調査を無事に済ませ、台湾に移動し、１カ月ほど採集をして回った。フィリピンで採集したブユ標本は、入国時に台北の空港の預かり所に一次的に保管してもらった。

台湾のブユについては１９３５年に出版された、旧台北帝国大学の素木得一先生の論文がある。このなかでは、記載されているのは成虫の外部形態だけなので、同定が容易ではない。この調査では、ブユの蛹と幼虫を採集し、蛹から羽化した雌雄の成虫標本を素木先生の種と比較することも大きな目的の一つだった。しかし、なにはともあれ、S. yonakuniense あるいはその仲間がいるかどうかを知りたかった。

台湾では、台北市を起点にしたバス路線がよく整備されており、それを利用することにした。まず、台北市から東海岸沿いに南下しながら花蓮まで行き、そこから中央山脈を横断し、西側の台中へ出て、さらに南の高雄まで行く計画を立てた。

最初の目的地の北東部の礁池では Simulium 亜属で我が国の S. japonicum に似た新種が一種採集さ

れた。しかし、ここから先は、折からの台風の影響で東側の海岸道路は閉鎖されているとのことで、途中で予定変更を余儀なくされた。台北市へ戻り、西側の道路を台中まで南下し、湖の景勝地として知られる日月譚を訪ねた。ここでGomphostilbia亜属の2新種と我が国のS. mieに似た新種が1種採集された。

台中に戻り、ここから東側の花蓮を目指して横断道路を走るバスに乗った。中央山脈を登り切った太宇嶺に着いた。ここが終点という。ここは標高が2600mの山中だ。ここから花蓮行は明日までないとのこと。公民館のような広い1部屋だけの宿泊所に泊まることになった。宿泊者は私たち2名だけだ。大広間の板張りの床に用意されていた寝袋に潜るが、寒くてなかなか寝付けない。

翌朝、近くの渓流でブユ採集。4種採集したうち3種が新種であった。1種はミヤマブユMontisimulium亜属だ。この亜属は日本では本州にコバヤシツノマユブユS. kobayashiiが知られているが、これまで見たことはなかったので、私にとっては初めての出会いだ。この亜属は蛹の呼吸管の壁面に無数の小さい黒点をもつのが特徴だ。ほかの亜属ではみられない。その機能も不明だ。

ほかの2種はNevermannia亜属のS. vernum種群に属する。このうち1種はこの種群だとすぐわかった。この種群のほかの種と同様に4本の糸状の呼吸管をもっていたからだ。しかし、ほかの1種は、当初はどの亜属や種群に属するのかわからなかった。蛹の呼吸器官がなんと丸い鉄亜鈴状をしていたのだ。帰国後、羽化した成虫の外部生殖器の形態を観察し、この新種もNevermannia亜属のS. vernum種群の仲間であることがわかった。

この種群は130種ほどから構成され、ユーラシア大陸や北米に広く分布するが、どの種の呼吸器官も糸状の呼吸管をしている。この点、丸い鉄亜鈴状の呼吸器官をもつこの新種は異例中の異例だ。同じ水系に普通の糸状の呼吸管をもつ種とこのような特異な呼吸器官をもつ種が共棲していることから、鉄亜鈴状の呼吸器官が環境の変化に適応して生じたとは考えにくい。では、どのように説明できるのだろうか。宿題として残った。

バスが山中で停まり、心細い思いで一夜を過ごす羽目になったが、このような新種に出会うとは何が幸いするかわからないものだ。Nevermannia 亜属の2新種には山の名前、太宇嶺と玉山に因み、S. taulingense、S. yushangense と名付けた。

採集した蛹は生きたまま小さな管瓶に入れて成虫が羽化するまで大事に扱う。標高が高い山地の水温は低い。そのような場所で採集した蛹の管理で大切なことはできるだけ生息水系の水温に近い温度で維持することだ。渓流の冷たい水にタオルを浸し、それで蛹の入った管瓶を包み、花蓮行のバスに乗った。（現在は、氷やアイスノンをいれたクーラを利用できるので、生きた蛹の管理も随分と容易になった）。

バスで太魯閣峡谷を下り花蓮に到着すると、急いで宿を探し、そこで氷を分けてもらい蛹の入っている管瓶を冷やした。その甲斐もあって、2、3日後に、上記3新種の成虫もなんとか無事に羽化してくれた。

花蓮では、素木先生の名を冠したS. shirakii の蛹も初めて採集することができた。呼吸管が3本で短く、先端部が丸く膨らんでいる特徴からすぐ同定できた。この種は1935年に素木先生によりS. minutum として記載されたが、異種同名 homonym であることがわかり1940年に河野先生と高橋先生により新たに S. shirakii と命名された種である。

異種同名とは、同じ種名が同じ属の別の種にすでに使用されている場合だ。すなわち動物命名規約では同姓同名は許されないのだ。命名された年の早い種名に優先権があるので、後の種には別の種名をつけ直す必要がある。

75年後の2015年に、この種は、インドからタイ、ベトナムにかけて広く分布するS. nodosumと同じ種であることが私たちの研究で分かり、同種異名となり、S. shirakii の種名は無効となってしまった。S. nodosum は1933年にインドにおいてPuri博士により記載された種である。高橋先生がこのことを聞かれたらさぞ残念に思われたかもしれない。「同種異名を理由にある種名を無効にする場合は、命名者に敬意を表して、存命中はしない方がよい」と言われたことを思い出す。

ちなみに、前にも述べたが、同種異名とは、同じ種に別々の名前がつけられた場合で、後でつけられた種名が無効になってしまうことだ。3度目の正直で種名が落ち着いたのだが、ブユ種でもこの種のように名前が変遷する例が時々みられる。

横道にそれるが、花蓮滞在中はこんな経験もした。午前中のブユ採集を終え、昼食をとるため小さな食堂に入った。テーブルの上をハエがうるさく飛び回っている。天井から何本ものハエトリリボンが垂れているが、それでも足りないようだ。しばらくして屈強な男が突然現れて食事中の私の腕をつかみ何か言いながら連れて行こうとした。食堂の親父さんが「この人は私服警官」と日本語で教えてくれた。台湾では、長髪や髭を生やすのは禁止されているとのこと。私がパスポートを見せたので日本人だとわかり、やっと手を放してくれた。フィリピンで味わった自由がここではないのだ。その夜、帰国も近いので髭を剃った。髭のない間抜けな顔を久しぶりに見て妻は笑いを押し殺していた。台湾の地方では英語が通用しないので少々不安はあったが、50歳代以上の年輩の人は日本語がよく通じ、総じて親日的だったので随分助かった。台湾は30年前までは日本帝国の統治下にあったのだ。教育の影響の大きさにも驚く。

台湾でのブユ調査の結果は、１９７９年にハワイのビショップ博物館刊行の『Pacific Insects』という学術雑誌に論文として発表した。期待したS. yonakuniense の仲間は採集されなかったが、８新種と5新記録種が採集され、台湾のブユの種類数は22種に増えた。

のちに台湾のC. L. Chung 博士は、台湾の東に浮かぶ蘭嶼島からS. yonakuniense を記録している。同定のため標本を持って大分までわざわざ訪ねてこられたのでよく記憶している。

この仲間は、先に述べたようにフィリピンの各地で採集されたが、氷河時代に大陸と地続きであった台湾本島ではまだ見つかっていない。蘭嶼島は与那国島とルソン島の中間に位置する。S. yonakuniense あるいはその祖先は、フィリピンのルソン島から島伝いにバシー海峡を越え蘭嶼島へ、そして与那国島へたどり着いたと推測してもよさそうである。

台湾のブユは、２０００年代になって、大分大学の私の研究室に在籍した台湾のY. T. Huang 博士との共同研究で8新種を追加できたので、現在は31種の分布が知られている。そのうちS. chungi はChung 博士に因んだものだ。本種は、雌の左右の産卵弁の先端部が互いに交差するように内側に向かって細くなっている特徴でほかの種とは区別される。２０１７年にSimulium 亜属を整理した折に、この種のためにS. chungi 種群を設けた。また、Huang 博士の名をつけたS. huangi は、Gomphostilbia

亜属の S. varicorne 種群としては、台湾で初めての記録だ。この種群は雌雄成虫の触角が10節または9節と少ないのが特徴だ。我が国では S. shogakii が知られる。

鹿児島県育英財団の支援によるフィリピンと台湾でのブユ調査は、予想以上の成果が得られた。この調査は私のブユ研究への地歩を固めるのにとても役立った。

第五章　媒介ブユ対策を通じたオンコセルカ症制圧の試み

――中米グアテマラの流行地へ――

このように、九州、南西諸島、フィリピン、台湾における調査で基礎的な分類学の分野では幾分かの新知見が得られていたが、初期の目的であるオンコセルカ症伝播の研究の機会はすぐには巡ってこなかった。

私が媒介者としてのブユを初めて見たのは、多田先生がグアテマラのオンコセルカ症の疫学調査から持ち帰られた標本であった。1974年の初めのころだ。ブユは英名でblack flyというように、黒っぽい体色をしたものが多いが、多田先生の標本のなかには黄色の体色をしたブユがたくさんいた。これがグアテマラのオンコセルカ症の主媒介種*S. ochraceum*だ。本種の成虫胸部が黄色をしているとはH. T. Dalmat博士の著書（次頁に紹介）のカラーの挿絵からも知っていたが、実際に見たのは初めてだった。ラテン語で黄色の意味の「ochraceus」が種名につけられている意味がよくわかり、感心したものだ。

1　グアテマラのオンコセルカ症研究の歴史

グアテマラは、1915年に同国人医師 R. Robles 博士が西半球においてオンコセルカ症を発見した歴史的な場所だ。この病気は当地では「Robles 病」ともよばれる。本症の主症状の一つである腫瘤が、西アフリカの流行地では腰部に多いのとは対照的に、上半身、特に頭部に多くみられる。ここではこの病気の発見後、流行地を定期的に巡回し、感染者の腫瘤を外科的に摘出する（nodulectomy）ことを任務としたブリガーダと呼ばれるチームが組織され、本症の対策として長らく実施されてきた。腫瘤内で雌成虫が産出する仔虫が眼球に移動し失明を引き起こすリスクを減らすことが目的だ。巡回後の集落では頭に術後の真新しい包帯を巻いた人が多くみられる。

この国におけるオンコセルカ症の臨床、疫学、分布、媒介ブユに関する研究は、1955年に出版された米国人研究者 H. T. Dalmat 博士の著書『The black flies (Diptera: Simuliidae) of Guatemala and their role as vectors of onchocerciasis』にまとめられている。この文献は425頁の大著で、特にブユについては、当時分布がわかっていた41種の雌雄成虫、蛹、幼虫の記載、生息場所や生態（雌成虫の吸血習性、飛翔距離、寿命、幼虫生息と環境の関連性など）、分布、媒介能が詳細に述べられている。本書は、グアテマラにおけるオンコセルカ症と媒介ブユ研究のバイブルだ。本書を読むと、米国疾病防圧センター（CDC）から派遣された Dalmat 博士およびその前任者の H. Elishevitz 博士の多岐にわたる研究業績に圧倒される。初心者の思いつくような課題はほとんどやりつくされている。

さらに、1970年代の半ばから、米国やドイツの研究チームも同国に滞在し、独自に研究を始めており、いくつかの成果をすでに論文として発表していた。特に強く印象深かったのは、ブユ種ごとにオンコセルカ伝播能にちがいがある要因として、人への吸血嗜好性の強さの度合いだけでなく、吸血時に取り込まれる仔虫数の過多（数十匹の仔虫を取り込んだ場合はブユ自身が死んでしまう）、ブユの咽頭部壁面上の鋭い小棘群の有無（これがある場合は、多くの仔虫がここで傷つけられ、中腸から腹腔へ脱出し、発育の場である胸部の筋組織まで到達する割合が激減してしまう）、胸部筋組織内での仔虫から感染幼虫への発育の正常性および同調性の有無（発育が異状で奇形が生じたり、あるいは同調していない場合、取り込まれた仔虫のうち感染幼虫期に達する割合が減ってしまう）などに焦点をあて、主媒介種の S. ochraceum と副媒介種 S. metallicum のちがいを見事に解析していた R. Garms 博士をリーダーとするドイツチームの研究だ。

このような研究の土台がすでに築かれており、かつ強力なライバルがいる状況下での課題選びは私にとって大きな挑戦だった。二番煎じは論外だが、競合する課題も避けたかったからだ。

2 グアテマラ事情

グアテマラは、九州と四国を合わせたほどの面積の小国だ。人口は約650万人で半数がアジア大陸系のインディオで残りの半数がメスティーソと呼ばれるスペイン人との混血系で占められる。コーヒーや綿花の栽培など農業が主な産業だ。ユカタン半島のティカールのピラミッド遺跡などマヤ文明の歴史的遺産が数多く見られる。週末に開催されるメルカード（市）では老若男女のインディオの衣装が彩を添える。特に女性は集落別に異なる伝統模様を織り込んだウイピル（上着）が目を引く。

15世紀のスペインによる侵略で始まった植民地文化が色濃く残り、主な街では、教会をはじめ広場や建物など西洋風だ。街路樹として植えられている南米原産のジャカランダ（スペイン語読みではハカランダ）は10ｍを超す高木で、乾季の終わりには淡い藤色の花が満開となり、その清楚で柔らかな美しさは人びとの心を和ませてくれる。太平洋岸に沿ったシエラマドレ山脈には秀麗で神秘的な火山が多い。過去の大噴火で町ごと消滅した記録も残る。地震も多く、日本ーグアテマラ二国間医療協力プロジェクト「オンコセルカ症対策研究」の始まった年にも大きな地震に見舞われている。

地震は日本でも経験しており驚かないが、別の面で緊張を強いられる。クーデター未遂など政情は良くなかった。また、ゲリラの出没などで治安も悪く、殺人事件も多い。乗用車の窓越しに銃弾を撃ち込まれ、血に染まった犠牲者の姿が新聞の一面にカラーで出ていた。ある時は、水面に浮かぶ腹部の張った裸の死体がそのまま写真に撮られていた。衝撃で声を失った。

在グアテマラ日本大使館からは、金品当ての襲撃や身代金目当ての誘拐対策として、「通勤には同じルートは使わないように」と注意を受けた。ちょうど、隣国のエルサルバドルで日本商社の社員が誘拐される事件があったばかりのころだ。アパートでは、出入りの際に銃で武装した守衛のチェックを受ける。部屋の入口の扉には鉄格子がつき、扉は二重鍵と厳重な対策がとられている。走っている車を見ると、ミラーがない。車のミラーは車内だけだ。外付けのミラーは窃盗の格好の対象になるからだ。

調査で郊外にでると軍隊の検問所がある。一人ずつ並ばされて無表情の兵隊に銃口を突きつけられ尋問されたときは、血の気が引いて生きた心地はしなかった。日本では経験したことがないことが多すぎる。

一方、人びとは、人生を楽しむのが何より大切だ。私が所属した国立マラリア研究所の勤務時間は7時半から午後4時半までだが、4時半には、すべての職員が帰宅してしまっている。あるとき、忘れ物に気付き、5、6分後に引き返したがすでに誰も居ず、部屋は施錠され入れずじまいだった。彼ら彼女らにとって残業などもってのほかなのだ。

週末の金曜日の夜は、ほとんど毎週何かにかこつけたパーティだ。やれ、子どもの誕生日だ、入学式だ、卒業式だ。時には職員自身夜間大学に通っていて、無事修了したお祝いだ。職員の1人Leonel君は夜学に通い無事弁護士の資格をとり、転職した。パーティには、ダンスがつきものだ。なかには離婚した元夫婦が仲良く踊っていたりする。カトリック信者が多いにもかかわらず離婚が多いのには理解に苦しんだ。

また、男性はマッチョ（男らしく）ということで、髭を生やすのは当たり前。私もフィリピン、台湾にいた頃を思い出しながら、また生やすことにした。

首都の医療事情は大変よく、病院や医院も多く、予約制で、待ち時間も少なくてすむ。また往診もしてくれる。日本で治らなかった歯の治療も数回で完治した。治療中に痛い思いをしたことはなかった。妻も2番目の子どもの出産で最初に産科、次いで小児科の医師にお世話になったが、その対応は満足のいくものだった。治療にあたった医師は米国に留学し、最新の知識、技術だけでなく、患者中心の医療のあり方も習得していたからだ。患者への病状と治療方針の説明も合理的で、またこちらの質問にもていねいに答えてくれる。

ただ、首都以外では、公立の診療所だけで、スタッフも設備も限られ、もちろんすべての診療科目に対応できるわけではなく、まったく事情がちがう。都市と地方では医療格差が大きい。

日本とちがって、この国では野犬が多く、しかも狂犬病の有毒地だ。私たちは野外での調査が多いので万一のことを考えて、免疫接種をうけてきた。中南米ではコウモリも狂犬病ウイルスを保持しているので、犬だけでなくコウモリにも咬まれないようにしなくてはならない。

不衛生環境下で一般的なウイルス性肝炎や回虫、アメーバ赤痢などの腸管寄生虫も蔓延している。長期滞在の専門家およびその家族も感染のリスクが高くなるので細心の注意が必要だ。

3　オンコセルカ症対策研究プロジェクト

多田先生のグアテマラにおける先駆的な調査は、すでに述べたように、ＪＩＣＡの日本―グアテマラ二国間の「オンコセルカ症対策研究」プロジェクトとして１９７５年に開花した。プロジェクトは1期目5年および2期目3年の合計8年間続き、延べ約80名の日本人専門家が派遣された。我が国の国際医療協力のなかでも評価の高い大型プロジェクトの一つだ。

グアテマラ側のカウンターパートは厚生省のマラリア研究所だ。この組織のある敷地内にオンコセルカ症研究センターが建てられ、プロジェクトの拠点になった。因みにこのセンターには「Laboratorio de Investigación Científica para la Enfermedad de Robles (Oncocercosis) Doctor Isao Tada」と多田功先生の名前が付けられている。また、プロジェクト終了後には、大統領から国家栄誉賞を授与されておられる。医療協力プロジェクトを通じた多田先生のこの国への大きな功績を称えるものだ。

私は、1978年8月から1980年1月までの1年半を派遣専門家として妻と1歳になった長女（真紀子）と一緒にグアテマラに滞在し、本場でのオンコセルカ症を初めて体験することになった。（滞在中の1979年3月には長男・修一が生まれ、家族が4名となった）。

プロジェクトは臨床疫学、寄生虫、昆虫の3部門からなる。チームリーダは私の尊敬する高橋弘先生だ。長期と短期を合わせると約10名の日本人専門家が派遣されていた。なかでも、臨床疫学部門の九州大学の吉村健清先生と寄生虫部門の高知医科大学の橋口義久先生はあの「八重山会」の主要メンバーだ。滞在中は、家族ぐるみのつき合いをさせてもらった。独協医科大学の免疫寄生虫学専門の高岡正敏先生には私と姓が同じ縁もあり、特に親しくしてもらった。3人の先生は私と同世代の30歳台前半で活力が漲っていた。心強い限りだ。私は昆虫部門に属し、主に媒介ブユの発生水系の調査に従事した。昆虫部門主任のOchoa博士は1974年に半年間鹿児島大学の私のところに研修で滞在していたこともあり、気心が知れた仲だ。

プロジェクトの調査地域は、標高1500mのグアテマラ市から西南へ約30㎞のサンビセンテパカヤ郡に位置する。郡の大半を占める約168㎢の広さだ。国内の四つの流行地のうちの最も東側に位置する。この郡の人口は約6300人。「フィンカ」と呼ばれる多くの農園があり、住民はおもにコーヒー栽培に従事している。コーヒーの木は標高500〜1300mの山岳地帯の斜面に栽培されている。自然林のなかの高木を日除けにうまく利用しているのだ。オンコセルカ症の感染者は住民の約33％で、おもにこのコーヒー農園の労働者たちだ。日中、コーヒー栽培地で働いているときに媒介ブユ S. ochraceum に吸血され、感染する。この媒介ブユ種の幼虫はこのようなコーヒー栽培に適した森林の幅数cmから1ｍ位の細い流れに発生する。

プロジェクトでは発生水系に殺虫剤を散布して媒介種を無くすことを目標に掲げていた。しかし、広大な面積の山岳地帯の発生水系を特定するには問題があった。そもそも河川の位置を示す地図がなかった。昆虫部門では、調査地域の主な河川のすべての支流を水源まで遡り、位置と距離を測り、地図をつくることが当面の仕事になった。10ｍ超の滝がいくつもあり登山用のザイルも使った。地図作成の現地調査では、もちろん各水系のブユ調査も行い、媒介ブユ種幼虫の生息の有無も調べた。

ここは6月から10月までの雨季とそれ以外の月の乾季があり、支流にも通年流れるものから雨季に出現し雨季が終わると徐々に衰退して消滅するものまで様々だ。後者の場合、衰退する過程で、全水系の一部が何カ所かで地表から消え地下に潜り伏流水となる。その伏流水と伏流水の間にはいくつもの地表水の部分が残る。しかも、その中の大部分は媒介ブユ幼虫の発生場所ともなっている。この断片的な地表水の流れをもれなく把握するのは大変な作業だった。

昆虫部門の各班は、日本人専門家1名とマラリア研究所の職員数名からなり、毎月の調査計画にそって、担当地域にでかける。朝7時に研究所をジープで出発し、約1時間で現地に到着する。そこからはすべて徒歩になる。調査では、現地の若手職員へ地図の読み方、水量の計測法、ブユ幼虫の採集法などの技術指導も行う。

調査には様々な問題があった。若手の職員のなかには小学校中退で読み書き、算数ができないものもおり、水量の計測を教えるのに苦労した。

また、あるとき、厚生省から大臣が研究所を訪問し、職員を前にした挨拶のなかで、所長の交代を突然告げ、みんなを驚かせた。案の定、その余波が我々にも及んできた。現場をあまり知らない新所長が勝手に職員の配置換えを指示し、寄生虫部門のベテランの職員が昆虫部門へ回されてきた。この職員を伴った最初の調査で問題が起きた。この職員は山歩きが不慣れで、その日の予定が大幅に遅れ、とうとう日没前に車の待つ場所まで戻れなくなってしまった。その日に限って月も出ていない。真っ暗闇の山中を歩くのは谷に落ちる危険性が高い。仕方なく、山中で一夜を明かすことにした。携帯電話もない時代で研究所や家族の待つアパートへ連絡もできなかった。若手の職員に家族へ連絡が取れないので心配ではないかと聞いたが、別に心配していないという。マッチョの強がりか。

翌朝、日の出とともに山を下り、救出に来ていた研究所の職員と合流し、グアテマラ市内のアパートに戻った。妻には申し訳ない気持ちでいっぱいだった。前の日は妻の誕生日で、特別な夕食会を準備していたからだ。以前に昆虫部門の他のチームが雨季に増水のため川を渡れずに戻れないことがあった。一応、妻にもこのことは話していた。「私にも同じようなことが起きるかもしれないが、翌日には戻るから心配しないように」と。しかし、それが現実に起きた。妻には相当心細い思いをさせてしまった。

野宿では睡眠中に蚊やヌカカに刺されないように頭に昆虫網を被せ、頸にもタオルを巻いた。それでも頸の前方が一部露出し、そこが見事に襲われていた。無数の小さい赤い刺傷がかゆみとともに残った。おそらく犯人はヌカカだろう。

媒介ブユ種発生水系地図がほぼ完成したあと、調査地域の一つラバデロス渓谷で殺虫剤temephos投与が試験的に開始された。あらかじめ、溶液剤、固形剤、乳液剤などで殺虫効果と効力距離などが短期で派遣されていた日本人専門家により検討されていた。最初の試験的投与では、固形剤が用いられた。グアテマラ人の職員2名を1チームとして決められた水系の定点にこの固形殺虫剤を2週間に1回設置するのだ。2週間に1回の殺虫剤散布は媒介ブユ幼虫の発育が約18度の低い水温下では2週間以上要することに基づいている。西アフリカでの対策とは随分と異なる。そこでは媒介ブユ種S. damnosumの幼虫が広い川に棲み、水温も20～24度と高く発育も早いので殺虫剤の散布は1週間に1回の割合だ。また、散布は人力ではなく、ヘリコプターや軽飛行機を用いた大掛かりなものだ。

殺虫剤の試験的投与を始めたあと、人を吸血に飛来するブユ成虫の数は劇的に減ったが、なかなかゼロにはならなかった。別の調査で媒介ブユの雌成虫の飛翔距離は大体3、4㎞の範囲であることが分かっていた。殺虫剤を投与していない近隣の別の渓谷は4㎞以上離れており、そこから成虫が飛来している可能性は低かった。ラバデロス渓谷内で媒介ブユ種の発生する水系がどこかにまだ存在していたのだ。最終的に、隠れた発生源の探索が功を奏して、人囮で採集される媒介種の数はゼロになった。駆除実験は、パイロット全域に拡大され、媒介ブユ種の発生を抑えることに成功した。ブユに刺されることがなくなるということは新たな感染者がでないということだ。（すでに感染している患者はのちにIvermectinの服用で治癒した。この治療薬は、我が国の北里大学の大村智教授らにより開発されたもので、オンコセルカ症治療の特効薬としてその制圧対策に大きな貢献をした。２０１７年に大村教授はその功績によりノーベル医学生理学賞を受賞された）。

このプロジェクト関連で忘れられないことの一つは、第２期のチームリーダの鈴木猛先生の御配慮で、１９８５年５月にペンシルバニア大学で行われたブユの国際会議「The Black flies: Ecology, Population management and Annotated world list」に招待され、「Epidemiology and control of onchocerciasis in Guatemala」と題して日本チームの８年間の成果を発表する機会を得たことだ。

鈴木先生は世界保健機関の専門家としてスリランカやインドネシアにおいてマラリアなどの昆虫媒介性寄生虫病の制圧対策を長年指導されてこられた衛生動物学の大先達である。

１９８４年に３回目のグアテマラ訪問の際、先生宅に招待されたときに、上記学会の主催者からの招待状を示され、「高岡さん、行かないか」と言われた。私には荷が重すぎ、大いに戸惑ったが、すでにお酒と御馳走をいただいたあとでもあり、承諾せざるを得なかった。

発表は先生との共同の形をとったが、「Takaoka, H. and Suzuki, T.」と私の名前を先にされるなど、後進にたいする細かな配慮も見せられた。この会議には世界各国から１００人超のブユ研究者が集まり、これまで手紙のやりとりでしか知らなかった多くの研究者に直接顔を合わせるよい機会ともなった。なかでも、英国のR. W. Crosskey博士とお会いできたのは嬉しいものであった。このときの縁で、１９９０年に文部科学省在外研究員として大英自然史博物館を訪問することにもなった。（このことは、大分医科大学学報に「大英自然史博物館と医昆虫学の底流」〈１９９１年〉と題して記した）。

4　オンコセルカ症の標高分布

ところで、グアテマラのオンコセルカ症の流行地が何故低地と高地にみられず標高５００～１３００ｍの中腹部にしか分布しないのか、長らく疑問であった。この答えを探るため、滞在中に感染実験を行った。この実験は、標高の違いを気温の差に置き換えて、さらに昼夜の温度差を考慮した系を幾つもの恒温器を用いてつくり、そのなかで、感染ブユ約８００個体を飼育し、ブユ体内でのオンコセルカ仔虫の感染型幼虫までの発育日数、幼虫が発育するまでのブユの生存率、幼虫発育後のブユの平均余命などを求め、比較した。恒温器を使うため、実験期間中に停電がないように祈る毎日だった。

その結果、ブユ体内での幼虫発育の臨界温度が摂氏17度であることがわかった。そして低地に流行がないのは、媒介ブユが摂氏28度以上の高温に弱く、幼虫が発育する前に死亡するため、また、高地に見られないのは、低温（摂氏17度以下）では、ブユは生存するがブユ体内での幼虫発育が阻止されるためであることが推測された。１９７９年、隣国メキシコで開催されたシンポジウムに出席した際、この実験結果を当時世界保健機関のフィラリア部長B. O. L. Duke博士に見てもらったところ、とても興味を示された。これに意を強くして、急いで原稿をつくり米国の『Journal of Parasitology』に投稿し受理された。

Duke博士は西アフリカにおいてオンコセルカの伝播および疫学に関した優れた研究を進めており、

郵便はがき

料金受取人払郵便

神田局
承認

7451

差出有効期間
2021年７月
31日まで

切手を貼らずに
お出し下さい。

101-8796

537

【受　取　人】

東京都千代田区外神田6-9-5

株式会社 **明石書店** 読者通信係 行

お買い上げ、ありがとうございました。
今後の出版物の参考といたしたく、ご記入、ご投函いただければ幸いに存じます。

ふりがな お名前	年齢	性別
ご住所 〒 -		
TEL ( ) FAX ( )		
メールアドレス	ご職業（または学校名）	

＊図書目録のご希望	＊ジャンル別などのご案内（不定期）のご希望
□ある □ない	□ある：ジャンル（ □ない

)タイトル

書を何でお知りになりましたか？
□新聞・雑誌の広告…掲載紙誌名[ ]
□書評・紹介記事……掲載紙誌名[ ]
□店頭で □知人のすすめ □弊社からの案内 □弊社ホームページ
□ネット書店 [ ] □その他[ ]

書についてのご意見・ご感想
■定 価 □安い（満足） □ほどほど □高い（不満）
■カバーデザイン □良い □ふつう □悪い・ふさわしくない
■内 容 □良い □ふつう □期待はずれ
■その他お気づきの点、ご質問、ご感想など、ご自由にお書き下さい。

書をお買い上げの書店
市・区・町・村 書店 店]

後どのような書籍をお望みですか？

関心をお持ちのテーマ・人・ジャンル、また翻訳希望の本など、何でもお書き下さい。

購読紙 (1)朝日 (2)読売 (3)毎日 (4)日経 (5)その他[新聞]
期ご購読の雑誌 [ ]

力ありがとうございました。

見などを弊社ホームページなどでご紹介させていただくことがあります。 □諾 □否

注 文 書◆ このハガキで弊社刊行物をご注文いただけます。

ご指定の書店でお受取り……下欄に書店名と所在地域、わかれば電話番号をご記入下さい。

代金引換郵便にてお受取り…送料＋手数料として300円かかります（表記ご住所宛のみ）。

	冊
	冊

の書店・支店名	書店の所在地域 都・道 府・県 市・区 町・村
	書店の電話番号 （ ）

多田先生が常々「追いつき、追い越せ」と目標にされていたオンコセルカ研究の大先達だ。Duke 博士の研究のなかで次の二つが印象深く心に残る。

一つは、それぞれのオンコセルカ症流行地で固有の「オンコセルカと媒介ブユの親和的複合体 Onchocerca-Simulium complex」が成り立っていることを、最初に西アフリカの森林地帯とサバンナ地帯の両流行地間で、次に西アフリカとグアテマラの流行地間でそれぞれの流行地の感染者と媒介ブユ種を用いた交差感染実験により明らかにしたことだ。

二つ目は、一人の人が年間に感染幼虫をもったブユ雌成虫にどの程度吸血され、何個体の感染幼虫に感染されるかという「伝播力 Annual Transmission Potential」を数値化し、各流行地の住民の感染率、眼疾患、特に失明率などの疫学的指標との相関関係を定量的に解析したことだ。

5　ブユ幼虫の寄生虫

グアテマラ滞在中には、土・日曜日の休日には、プロジェクトの仕事とは別に、プロジェクトリーダーの高橋弘先生と、北部のチチカステナンゴ県の奥の標高3000mを超すアラスカまでブユ採集に出かけた。気温は10度以下だ。地名がアラスカとはよくつけたものだ。

ここにはアンデス山脈の高地にのみ生息し、蛹の呼吸器官に種間で幅広い変異を示す Gigantodax 属や、旧北区から新北区に広く分布する Eusimulium 亜属に属する S. donovani が分布していた。後者は、この亜属では新熱帯区で唯一の種だ。鹿児島の下甑島で採集したサツマツノマユブユの仲間だ。

地球の裏側にまで同じ仲間のブユが分布しているのは驚きだ。

このブユ種の幼虫の中腸に Cytoplasmic polyhedorosis virus というウイルスが感染していた。中腸壁が石灰のように白く変性しているので感染の見分けがつく。このウイルス感染は北米のブユ数種にしか知られていない。

また、Gigantodax wrighti と Cnephia pacheco-lunai の幼虫にそれぞれ異なる新種の線虫が寄生していることも分かった。ブユ幼虫を宿主として育った線虫の幼虫は外皮のクチクラを破って水中に出て脱皮して成虫になる。線虫の分類は成虫の形態をもとに行われるので成虫の標本が必要だ。なんとか雌雄の成虫を得て、カリフォルニア大学の G. O. Poinar Jr. 教授に送り、Gastromermis cloacachilus および Isomermis vulvachila の種名で新種の記載をしてもらった。この論文では、低地のトトニカパンで採集した S. metallicum に寄生していた新種 Mesomermis guatemalae も一緒に記載された。

このようなブユに寄生する種々の病原体の調査は、カナダのニューファンランド大学の M. Laird 教授の協力もあり、順調に実施できた。前述したウイルスや線虫のほか、繊毛虫、カビ、微胞子虫による感染も見いだした。これら病原体の媒介ブユ種に対する天敵としての影響をまとめた論文は、帰国後すぐ『American Journal of Tropical Medicine and Hygiene』に掲載された。

このときの縁で、１９８０年の夏、京都で開催された国際昆虫学会では、Laird 教授の主催する「Natural enemies of disease vector insects 疾病媒介昆虫の天敵」と題したシンポジウムに10人のシンポジストの１人として招待された。ほかのシンポジストは、米国、カナダ、イスラエル、中国などの海外からの研究者と日本からは東京大学の佐々学先生と佐賀医科大学の茂木幹義先生だ。私以外は蚊の研究者として著名な先生ばかりだ。これは、私にとっては国際会議での初めての発表であり、発表の内容が後に英文の本として出版されたのでよい記念になった。

Laird 教授は、私たちがグアテマラに旅発つ直前の１９７８年に鹿児島を訪問された。世界保健機関の仕事をされていたせいか、仕事の段取りが実に早く、感心したものである。

また、英語の表現に大変造詣が深く、英文原稿の校閲をお願いするたびに教えられることが多かった。たとえば、「生息場所」の意味で「habitat」という単語だけを使っていたら、「おなじ頁に同じ単語を何度も使うのは感心しない。同じ意味として『larval site』、『stream of preimaginal stages』、『aquatic place』なども使える」と教えてくれた。

（グアテマラのオンコセルカ症媒介ブユについては参考文献６に詳述）。

第六章　オンコセルカ媒介ブユ種の調査

——南米の流行地へ——

1980年4月に鹿児島大学から大分医科大学に移った後、文部科学省の国際学術調査「南米型および中米型オンコセルカ症とその伝播機構の比較研究」（代表多田功教授）の一員として、1982年、1984年、1986年の3回にわたって、グアテマラのほか南米のベネズエラおよびエクアドルを訪ねた。中南米のすべての四つの流行地（メキシコ・グアテマラ、ベネズエラ北部、コロンビア・エクアドル、ベネズエラ南部・ブラジル北部）において、人吸血性ブユ種のオンコセルカ伝播能を感染実験により明らかにすることが主な狙いであった。（調査の詳しい結果は、巻末に示した参考文献7に報告したので関心のあるかたは参照していただきたい）。

1　ベネズエラ南部アマゾナスの調査行

1982年のグアテマラおよびベネズエラ南部アマゾナス州の調査行では、多田先生のほか長崎大学の鈴木博先生、鹿児島大学の野田伸一先生と私の4名がメンバーであった。

グアテマラでの1カ月の調査では人吸血性ブユ種 *S. haematopotum* がオンコセルカの媒介が可能で

あるかどうかを調べるための感染実験を行った。実験はうまくいき、本種の媒介能を証明できた。すでに媒介能が知られているS. ochraceum、S. metallicum、S. callidum以外にも媒介能を有する人吸血性ブユ種としてS. haematopotumを加えることができた。

右眼の異変

グアテマラでの1カ月の調査を終え、現地の共同研究者たちと打ち上げのフィエスタ（パーティ）でビールやロン（現地産のラム酒）を飲み、最後の日をくつろいで過ごした。このフェスタの最中に右眼にまさかの異変が起きた。視野の内側半分が突然真っ暗になったのだ。よりにもよってベネズエラに移動する前夜のことだ。病院にも行けない。すでに診療時間は終わっている。私の右眼はどうなったのか。元に戻るのだろうか。回復しなかった場合、顕微鏡で描画装置を使えるだろうか。車の運転はできるだろうか。酔いは急速に冷め、不安に襲われた。

翌日、ベネズエラに移動したあと首都のカラカスで眼科を受診する予定にしていた。しかし、運が悪いとはこんなことか。フライト日程の変更でベネズエラの空港に到着後すぐ目的地のオリノコ川の中流域にあるアマゾナス州の州都プエルトアヤクーチョに向かうことになったのだ。この辺地の町には眼科はなく、結局1カ月後の帰国まで病名も知らないまま調査に従事することになった。

帰国後すぐに大学病院を受診した結果、右眼は網膜剥離になっていることがわかった。すぐ入院し手術を受けたが、すでに剥離して日数も経っていたためか、手術の結果は思わしくなかった。以後左眼中心の生活に慣れていく以外に方法はなかった。この状態でも顕微鏡を用いた研究生活がその後37

年あまりも続けられたのは幸運というほかない。

「網膜剥離は眼球が前後に伸びている近眼の人に多い。眼に衝撃を与えないよう注意することが予防になる」とアドバイスをもらった。以後、残りの左眼がそうならないように毎年1回は必ず眼科を受診し、もちろん剣道を含め激しい運動は避けた。その甲斐あって今日まで左眼には剥離は起きなかった。酷使に耐えた左眼に感謝したい。

オリノコ川上流域のヤノマミ族

プエルトアヤクーチョでは新設されたばかりの熱帯医学研究所の開所式があり、これに併せてフィラリアに関する国際シンポジウムの開催が予定されていた。私どもがグアテマラに滞在中に、ベネズエラの共同研究者のL.Yarzábal博士から連絡があり、多田教授がグアテマラのオンコセルカ症について、そして私が媒介ブユについて発表するよう要請された。世界保健機関のDuke博士も招待されていた。

プエルトアヤクーチョはオリノコ川の岸辺に密林を切り開いて造られた町で、高温多湿に悩まされた。私たちは州知事の官舎の建物の一つに滞在することになったが、洗濯物が何日経っても乾かないのには困った。

シンポジウムの後すぐに流行地のパリマ山系（標高約950m）にチャーターしたセスナ機で出かけられると思っていたが、いつ出発できるのか分からないとのこと。何日か経った頃、やっと明日早朝に出発するとの連絡があり、朝5時に起床して準備をして待った。しかし、8時頃になって、パリマのヤノマミ族の集落間で小競り合いが始まったので、今日の出発は見合わせたがよいとのこと。こういうことがもう一度あった。

結局、流行地に出かけるまでの10日間ほどを手持ち無沙汰で過ごす羽目になった。

やっと出発の時が来た。３機のセスナ機に分乗し、延々と広がる緑の密林の上を飛ぶ。途中、雨で視界がゼロに。小型機に乗るのは初めてのことで不安がよぎる。やっと晴れ間になり、眼下に密林の緑が続く。しばらくして一面の緑の絨毯のなかに1本の褐色の線が見えたかと思うと、セスナ機はそこをめがけて急降下し未舗装の狭い滑走路に無事着陸した。

パリマのヤノマミ族の集落だ。槍をかざした裸のヤノマミの男たちがセスナ機に近づいてきた。「ショリ、ショリ」と叫んでいる。まさか襲われることはないだろうと思っていたが、言葉が通じないため対応に苦慮した。あとで、そこに長く滞在し布教活動をしているスペイン人宣教師に聞いたところ「ショリ」とは「友達」という意味だそうだ。結局、その日に着いたのは2機だけで、食料を積んでいる1機は着かなかった。急患の発生でそちらを優先するために予定を変更したとのこと。そのため、その日口にできたのは携行したビスケットだけだった。

ヤノマミ族は、アマゾンのオリノコ川上流域の熱帯密林の奥地に棲む原住民で、近代文明を採り入れていない。ベネズエラに約1万6千人、ブラジル内に約2万2千人と推定されている。氷河期にアジアからベーリング海峡を渡り、北米を通過してこの地に到達したのではないかと言われている。

彼らは裸族で知られているが、衣服の着用程度は彼らの集落と現代文明との距離に反比例している。奥地のパリマでは、男女とも一糸まとわずのままだ。女性は、鼻の下端と下唇の両脇と中央の真下に竹串を刺している。耳には穴をあけ、野の花や鳥の羽毛で飾っている。成人の男性は性器の先端をひもで縛り、へその下に釣り上げて腰ひもに固定している。

シャボノと呼ばれる円形の構造物は、直径30～50ｍくらいで、円周に沿って木や竹で柵が作られ、その内側に木の枠を組み、ヤシの葉で屋根を葺いた簡単な造りだ。中心部は広く空に開いており共同の中庭になっている。屋根の下で火をおこし、その周りにハンモックを吊って休む。たき火の跡の数が家族数に一致するようだ。

狩猟用の槍や弓のほか、家財道具と呼べるものはなく、質素なものだ。かれらは定期的にシャボノから別のシャボノへ移動しながら狩猟や焼き畑作で暮らしている。死者の骨を灰にし、スープに混ぜてみんなで飲むのは、彼らに特有の死者を敬う伝統的な風習として知られている。

私たちから見ると石器時代にタイムトラベルしたと錯覚するほどだ。原始的に見えるが、これが自然の摂理に沿った生き方なのだろう。

ヤノマミの人びとは栄養が十分ではないことは容易に想像できる。成人でも1・4～1・5ｍと背が低く、痩せている。10代前半で結婚し、平均寿命も30数年とのこと。30代の私もここでは長老級のお年寄りだ。彼らから見たら我々はどのように見えているのだろうか。残念ながらその答えを聞くことはできなかった。

私たちは宣教師の家に近い高床式の空き家に案内された。梯子を上ると、平たく割った竹を敷き詰めた床だ。柱と柱の間に各自持参したハンモックを吊る。電気はなく、日の出とともに起き、日の入りとともに寝る。夜が長い。暗闇のなかで下まで降り、用を足すのが大変だ。水道はなく、近くの川で水浴することになる。川の水を沸騰させ飲み水にする。

感染実験

ベネズエラ南部のオンコセルカ症流行地は E. Rassi 博士らにより1977年に初めて報告された。媒介者は、人吸血性の強さとオンコセルカ幼虫の自然感染から、S. guianense（当時は S. pintoi の種名が使われていた）が疑われていた。しかし、媒介者と確定するためには、感染実験がどうしても必要であった。私たちがはるばるこの地を訪ねてきたのはこのためた。

この集落では、住民のオンコセルカ症の感染率は約90％と非常に高い。吸血に飛んでくるブユも多い。採集にはそれほど苦労しなかった。グアテマラの媒介種が人の上半身を狙うのと異なり、ここのブユは足首など地表に近いところを襲い吸血する。

感染者から吸血したブユはプラスチックの管瓶に1匹ずつ入れ、1週間ほど砂糖水を与えて生かし、ブユが感染者から吸血時に取り込んだ仔虫が感染幼虫まで発育するかどうかを確かめる。もし、解剖の結果、感染幼虫まで発育していることが確認できれば、そのブユを媒介種と認定することになる。

採集したブユを帰国後解剖し、この流行地の媒介者は S. guianense であることを初めて確定した。この成果は、1984年に米国の『American Journal of Tropical Medicine and Hygiene』に発表された。左眼だけの研究生活になってからの初めての論文で感慨深いものがあった。

一方、人を襲いに来る成虫の数が多いので、この媒介種の蛹や幼虫は、近くの川や支流を探せばすぐに見つかるだろうと思っていたが、とうとう見つけることができなかった。なにもかもそう簡単にいくとは限らないのが野外調査だ。本種の幼虫は大きい川の急流部にのみ発生することが後でわかった。

なお、ここに滞在中に新種ブユ2種を採集した。標本はベネズエラのブユの分類学者 J. Ramírez-Pérez 博士に渡して記載を委ねた。

パリマ山地の流行地で調査が一段落した後、セスナ機で低地のシャボノに移動した。ここでは、岸辺にテントを張りハンモックを吊って野営した。船外機をつけたカヌーでオリノコ川を遡行しながら何度か岸辺に寄っては襲ってくるブユの採集を行った。ここでは吸血ブユ種は S. exiguum と同定した。雌成虫の腹部に黄金色に輝く微毛を備えているのでこの種とすぐわかる。しかし、残念ながらオンコセルカ症の媒介に関わっているかどうかは確認できなかった。人を襲う個体数は多いがほとんどが蛹から羽化して初めて吸血にくるブユだったのだろう。第3期幼虫をもつ個体を証明するには、300から400個体ともっとたくさん解剖する必要があったのかもしれない。

このオリノコ河畔では、開けた岸辺の砂地に乱舞する数千の黄蝶によく出会った。カヌーの持ち主が夜の内に捕獲してきたワニやキャピバラの料理も初めて味わった。

ところで、低地の川沿いのシャボノに棲むヤノマミは、現代文明との接触度が高く、定着生活を始め、シャツや半ズボンを着用するなど、もはやパリマ山地にみられる原型は見られなくなっていた。皮肉なことに、西洋からは現代文明とともに結核などの病魔も持ち込まれ、住民を悩ませることにもなっている。

ここでは情けない経験もした。幼虫や蛹の採集のため約20m幅の本流を泳いで横切ろうとしたときに対岸まであと一泳ぎというところで渦に巻かれて危うく溺れそうになった。危機一髪でカヌーが来て助け上げてくれた。川は濁っており底が見えない状況なのに泳いだのが軽率だった。

スナノミとオンコセルカ感染

ところで、住民は衣服を着ていないのでブユに刺され放題だ。オンコセルカ症の感染率が高い理由もうなずける。もちろん、彼らは裸足なので別の病気にも高い率で感染する。ノミの仲間で変わった生活史を進化させたスナノミ Tunga penetrans の寄生だ。

このノミの雌成虫は、人の脚の皮膚に潜り込み、体液を吸いながら卵を成熟させる。寄生部位は腫れて最後は潰瘍になる。成熟卵を宿した雌ノミは腹部が異常に大きく膨らみ、ついには破裂してしまう。弾みでおなかの卵が皮膚の潰瘍から飛び出し砂地に戻る。卵から孵ったノミの幼虫は蛆虫様をしており、雑食性で、地表で過ごす。幼虫は蛹に変態したあと成虫に育つ。そして交尾した雌がまた人の皮膚に潜る機会を地表で待つ。スナノミの分布する熱帯地では裸足やサンダルはスナノミの標的になる。この地に入った私たち4名の日本人研究者のうち3名がスナノミに寄生を受け、足指に潰瘍ができた。運動靴を履いていた私だけは寄生を免れた。

その代わりといってはおかしいが、4名ともブユに刺されたのにオンコセルカ症に感染していたのは私だけであった。帰国後1年位して上半身の皮膚の発疹と耐え難いほどのかゆみに悩まされるようになった。本症の主症状の一つだ。同僚の馬場博士に頼んで私の背中の皮膚をすこし切り取ってもらい、生理的食塩水にいれた。30分後に顕微鏡で覗いてみると、長さ0・2㎜位のオンコセルカの仔虫（口絵写真⑤）がくねくねと泳いでいるではないか。雌成虫が私の体のどこかに巣食って仔虫を産んでいるのだ。

このときも運がよいことに、オンコセルカ症感染者向けに臨床試験中のIvermectinをドイツの製薬会社から取り寄せることができた。これを一度服用した途端に症状は治まった。その効果を自ら体験することになった。この薬は仔虫の産出を抑制するが成虫を殺すわけではない。成虫は、寿命が最長で12年といわれているので、しばらくは私の体内で共存することになった。

2　ベネズエラ北部の調査行

1982年には、カリブ海に面したベネズエラ北部の流行地における媒介ブユ種S. metallicumについても感染実験を通じて伝播能力を調べた。このときは、理由は不明だが、採集した雌成虫の飼育がうまくいかず、取り込まれたオンコセルカの仔虫が感染幼虫に発育するのに必要な1週間を超える前にほとんどが死んでしまった。パリマ山地での成果とは対照的な結果に終わった。

1984年には、新たに高知医科大学の橋口義久先生、熊本大学の是永正敬先生、それに大分医科大学の馬場稔先生も加わり、グアテマラとベネズエラ北部の流行地間で、オンコセルカの交差感受性があるかどうかの実験を両国に分布するS. metallicumを用いておこなった。この実験は、ベネズエラ国立免疫研究所所長J. Convit博士の卓越した指導力のもと実施された。結果は、交差感受性を認めるというものであった。すでにのべたように、Duke博士は、アフリカのオンコセルカ症の森林とサバンナの流行地間では交差感受性が見られないことから、流行地別に異なる「オンコセルカ－ブユ複合体」が存在するという説を提唱した。しかし、この説は少なくとも西半球では当てはまらないのではないかという結論となった。

南米のオンコセルカは、奴隷貿易を通じたアフリカからの輸入説が主流であったが、中米グアテマラのオンコセルカの起源に関しては、1915年の発見当初から土着説とアフリカからの輸入説が議論されていた。私たちの調査結果は輸入説を支持することになり、この議論にも一石を投じることになった。

ちなみにグアテマラの土着説は、マヤの遺跡から出土した頭蓋骨や土偶も根拠の一つになっていた。本症の主症状である頭部の腫瘤の存在を暗示する頭蓋骨の陥没痕跡や盲目を思わせる顔をした土偶が見つかっていたからだ。また、Duke博士が実施した西アフリカとグアテマラの感染者と媒介ブユを用いた交差感受性実験で交差感受性が否定されたことなどもこの説を支持する論拠の一つとされていた。現在は、虫体のDNAや染色体の解析結果から輸入説に軍配があがっている。

3　エクアドルの調査行

1986年には赤道直下の南米エクアドルを訪れ、アンデス山系の太平洋岸低地のカヤパ川およびサンチアゴ川流域においてオンコセルカ症媒介ブユの調査を行った。このときには多田先生、馬場先生、長崎大学の嶋田先生と私の4名が日本側のメンバーであった。カウンターパートはグアヤキル市にある熱帯病研究所のR. Lazo教授のチームだ。

この研究所の建物の入口には、野口英世博士を記念するプレートがある。博士の黄熱研究の功績を称えたものだ。町には野口博士の名前を冠した小学校や通りまである。Lazo教授は野口博士の伝記を書くほどの熱烈な信奉者だ。梅毒の病原菌の発見など多くの業績を残し、最後は、アフリカのガーナで黄熱の研究中に命を落とした熱帯医学の大先達に思いを馳せる。

グアヤキルで調査の打ち合わせを終えた後、食糧などを仕入れて、コロンビアとの国境近くのボルボンという小さな港町まで悪路をジープで2日かけて北上し、そこからさらにカヌーでカヤパ川を数時間かけて溯った。長いアプローチであった。中流域ではアフリカ系の黒人の集落、上流部ではモンゴロイド系の住民からなる集落と、棲み分けがみられる。両流域とも、人を襲うブユはほとんどがS. exiguumであった。ここでは、この種を含め3種のブユについて媒介能を調べた。

また、この流行地の調査のあと、アンデスの東側のアマゾン川上流域のナポでも調査を行った。オンコセルカ症が太平洋岸からアンデスを超えて東側に拡大しているかどうかを見極めるためだ。ここではS. exiguumはいたが、人を襲うことはほとんどなかった。牛が主な吸血源だ。牛がいなくなりブユの吸血対象が人に向かわない限り、ナポ地域でのオンコセルカ症の伝播の可能性はほとんどないだろうと考えた。

同じ国内でも地域によりブユが吸血源となる宿主動物の選択性にちがいがあり、そのことが病気の伝播にも影響しているよい例である。

この調査では、カウンターパートの一人、ボスアンデス病院の外科医でカナダ人の R. Guderian 博士には随分御世話になった。エクアドルのオンコセルカ症の臨床・疫学上の新知見は博士の根気強い継続的な調査に負うところが大きい。

オンコセルカ症の臨床症状の一部がアフリカと中南米で異なるのは病原体自身のちがいに由来しているのではないかという疑問が未解決であったが、Guderian 博士はこの疑問にも答える結果を得ていた。臨床症状のうち鼠径部下垂はアフリカの感染者だけにみられ、西半球のメキシコ、グアテマラ、ベネズエラの患者ではこれまでは見られていなかった。

すでに記したように、エクアドルの流行地には、カヤパ川流域の上流部にはモンゴロイド系の住民が、中流部にはアフリカ系の住民が住んでいる。Guderian 博士の調査では、問題の鼠径部下垂はアフリカ系の感染者だけにみられ、モンゴロイド系の患者にはみられなかった。つまり、症状のちがいは、感染者の人種のちがいによる可能性が高いことを示したのだ。

のちに行われた病原体 O. volvulus の染色体や遺伝子解析では、アフリカと西半球の間でちがいは見つかっていない。メカニズムは不明だが症状の発現が人種によって異なる例といってもいいだろう。（エクアドルのオンコセルカ症と媒介ブユについては参考文献8に記している）。

ところでエクアドルでは苦い思い出も残る。この国のオンコセルカ症の流行地は１９８０年に発見されたばかりで、いわば研究の処女地でもあり多くの研究者が調査を切望していた。ここでの調査は、多田先生の事前の交渉で当地の熱帯医学研究所の Lazo 教授らと１９８２年に実施する予定になっていた。いざ出発というときに、大統領選挙の余波が先方の研究所にも及び、大幅な人事異動の結果Lazo教授が解任されるはめになった（次の大統領選後に復職）。後任者は共同研究の相手として日本チームを捨て、別の国のチームに乗り換えてしまったのだ。まもなくこの別のチームにより、この国のオンコセルカ症の媒介者は、隣国のコロンビアと同じく、*S. exiguum* であることが報告された。まったく運が悪いとしかいいようがない。

１９８６年の調査の折に同国厚生省を表敬訪問した。そのとき某先進国の研究者から送られてきた手紙を見せられた。「日本チームを入れないように」と書かれている。開いた口が塞がらなかった。相手研究者も必死だったのかもしれないが、そこまでやるとは思いもよらなかった。このときからライバルがいる場合の対応の仕方にもより注意を払うようになった。余談になるが、このエクアドルにはもう一度訪れる機会があり、これはよい思い出として記憶している。

１９８８年に、橋口先生の率いる文部科学省国際学術調査「新大陸のリーシュマニア症とその伝播に関する研究」のメンバーとして媒介者の調査を行うことになった。調査地は、アンデス山中のパウテという町だ。ここは、橋口先生たちによって発見された新しいリーシュマニア症の流行地だ。今回はここで病原体と媒介者および保虫動物を明らかにすることが目的だ。他のメンバーは、熊本大学の三森龍之先生、長崎大学の野中薫雄先生、高知医科大学の古谷正人先生であった。調査がちょうど乾期にあたり、媒介昆虫のサシチョウバエの密度が低かったため、十分な数を集めるのは容易ではなかった。数人がかりで連日、サシチョウバエのいそうな険しい岩山に登って採集を試みる。赤道直下というのにさすがアンデスの夜は冷え込む。厚手の上着を着込み、鳥肌の立つ脚を露出させてサシチョウバエの飛来を待った。露出した脚にサシチョウバエが止まったのを感じたら懐中電灯で照らし吸虫管で捕獲する。しかし、結果はせいぜい一晩あたり5、6匹であった。

私の役割はこのようにして採集されたサシチョウバエを顕微鏡下で個体別に種の同定をし、さらに生理的食塩水のなかで解剖して病原体をもっているかどうかを調べることだ。

病原体のリーシュマニアは単細胞の原虫でサシチョウバエの腸管内では紡錘形をしており、前方に鞭毛をもつ。体長は千分の数㎜と小さい。サシチョウバエはブユよりさらに二回りも三回りも体が小さく、うまく消化管を取り出し、そのなかにいる病原体を探すのは容易ではない。また、ブユとちがって、サシチョウバエの翅の辺縁部には微毛や鱗片が密生する。これらが解剖時に散らかり、観察のじゃまになる。それを避けるために、解剖前にサシチョウバエを石鹸水に入れ、瓶を振ることで翅の微毛や鱗片を予め除くという手間が必要だ。。

私にとっては初めての経験だったので、原虫を見落とすのではないかと不安だったが、まもなく100個体を解剖しようというときに、1匹の Lutzomyia ayacuchensis というサシチョウバエの中腸に寄生している原虫をついに発見した。やっと責任を果たした思いで安堵した。

その後雨季に行われた調査で、このサシチョウバエが主媒介者であることが確認された。

(なお、この調査の折、ブユの新種も1種採集した。アルゼンチンの国立ラプラタ大学の S. Coscarón 博士に標本を送り S. pautense として記載してもらった。彼は、新熱帯区のハエ目、特にブユやアブ類の系統分類の第一人者で、ブユではアンデス山脈に固有の Gigantodax 属の新種を含め、中南米で83種の新種ブユを記載している)。

第七章　人獣共通オンコセルカ症の研究

――一枚の病理標本から新興感染症の解明へ――

１９８０年４月から大分医科大学で医動物学研究室を担当するようになり、学生への教育および自らの研究に従事するほかに、臨床のいろいろな科から依頼された寄生虫や衛生動物の検査や同定も積極的に引き受けていた。これは、大分でどのような寄生虫病が発生しているのか、実情を知りたかったからだ。依頼の多くは、海産魚の生食によるアニサキス症やメマトイが媒介する東洋眼虫症であったが、なかには教科書に載っていてもきわめて稀な牛寄生性の肝蛭による人体感染症例や、マラリアなどの海外からの輸入症例もあった。ここでは、今でも強い印象とともに記憶に残っている、まだ教科書にも出ていなかった症例との出会い、およびその病原体と媒介者をめぐる研究への展開を振り返ってみたい。

１　世界で第５例目の臨床症例

この症例は、当時の大分医科大学皮膚科の高安進教授の依頼から始まった。１９８７年の暮れのことだ。患者は２歳の女児。足の側面に腫物ができ、気付いた母親が来院してきた。手術で摘出した腫瘤の組織の病理標本中に寄生虫の断面があった。その寄生虫の断面は０・２㎜ほどの大きさで、角皮層が厚いのが特徴だ。我が国でよく見られる犬糸状虫 Dirofilaria immitis に似ていたが、断面の直径が小さく、角皮層の突起が外側にはあるが内側にはない点で犬糸状虫とはちがっていた。それ以上鑑別を突き詰めるには経験不足であった。当時はインターネットもなく文献検索にも時間がかかった。

この病理標本は、高安教授から金沢大学の吉村裕之教授に、さらに米国チュレーン大学の P. C. Beaver 教授に送られた。その結果、牛に寄生する糸状虫 O. gutturosa または馬寄生性の O. cervicalis らしいと同定された。病名は「人獣共通オンコセルカ症 zoonotic onchocerciasis」。本来動物の寄生虫であるオンコセルカ種に人が感染する病気だ。これは大変珍しい寄生虫症で、世界で第５例目、もちろん我が国およびアジアからは第1例目の症例となった。

私は、さすがに Beaver 教授だと感服した。教授は世界的に著名な寄生虫学者で１９７４年に米国で同様な症例をすでに報告していた。「経験がものをいう」とはこのことか。

普通はこれで一見落着だが、この症例には続きがある。

2　オンコセルカ属の生活史

オンコセルカ属の種類は生活史のなかで雌雄成虫が寄生する哺乳動物と幼虫の発育を依存する吸血昆虫がそれぞれ「終宿主 definitive host」および「中間宿主 intermediate host」として必要だ。この二つの宿主のどちらかが欠けてもこの寄生虫は生きていけない。

終宿主の体内で雌成虫は雄成虫と交尾したあと、薄い膜に包まれた仔虫を無数に産み出す。この仔虫は膜から出て哺乳動物の皮膚のなかでしばらく過ごす。皮膚中の仔虫は、中間宿主の昆虫がこの哺乳動物を吸血する際に昆虫体内に取り込まれる。取り込まれた仔虫は昆虫の胃から体腔へ出て胸部の筋肉組織へ移動し、そこで1週間ほどかけて2度の脱皮を経て感染幼虫に育つ。育った感染幼虫は、胸部から頭部の口器へ移動し、次の吸血の際に哺乳動物へ移る機会を待つ。従って、中間宿主となる昆虫はオンコセルカ幼虫に発育の場を提供するほかに、終宿主となる哺乳動物に吸血嗜好性をもつ種でなければならない。

オンコセルカの中間宿主はこれまで知られている限りではブユかヌカカだ。ヌカカはブユよりさらに小さいが、雌成虫の口器は基本的にはブユと同じだ。すなわち、吸血方法も皮膚を切り裂いて滲み出てきた血液を吸い取る「pool feeding」なので皮膚中の仔虫を取り込める。

3　日本のブユから初めてのオンコセルカ幼虫見つかる

この症例は、日本でもオンコセルカ症の伝播の研究の可能性を暗示していた。これまではオンコセルカ症の流行地のある遠い中南米まで出かけてブユを調べてきたが、これからは地元の大分で研究ができるかもしれないと期待はふくらんだ。

早速、大分市郊外の患者が住むアパートの近辺で同僚の馬場博士たちと人囮法と炭酸ガス法を用いて吸血昆虫の採集を始めた。蚊に混じってブユの雌成虫も少数だが採集された。

1988年の9月23日、研究室で一人、前日に採集したブユ雌成虫を顕微鏡下で一個体ずつ解剖した。祝日にも関わらず研究室に出てきたのは、結果を早く知りたかったからだ。そして、そのはやる気持ちに応えるかのように、早速、キアシツメトゲブユ *S. bidentatum* から糸状虫の幼虫が見つかった。「おー、やっぱり居たか！」と思わず口にした。

これまで我が国、そしてアジアのブユが糸状虫の媒介に関わっているかどうかについては何もわかっていなかった。その後の調査で、その幼虫は牛のオンコセルカ種であることがわかった。いままでも、秋分の日は、私のブユ研究のなかでも忘れられない特別の日だ。

この幼虫の同定をお願いしたのが縁で、仏自然史博物館の Odile Bain 博士との交流が始まった。

4　牛のオンコセルカ種と媒介ブユ種

さらに、患者の住む地区には、田園地帯に牛舎がいくつかあり、牛を吸血するためにたくさんのブユが飛来していることがわかった。牛を吸血中のブユを直接採集するのは難しい。よく見ると牛舎の側面のガラス窓の内側に吸血を済ませたブユがたくさん外に出ようと忙しく這い回っている。これなら吸虫管で簡単に採集できる。このようにして採集したブユを生きたまま研究室まで持ち帰り、できるだけ早めに顕微鏡下で解剖した。

まずブユの種を同定し、スライド上の生理食塩水のなかで腹部を開いて卵巣の状態から産卵歴を調べた。各卵巣小管の基部に産卵後に形成される残滓が無く「産卵歴なし」と判定された個体は糸状虫の幼虫をもっている可能性はない。残滓が認められ「産卵歴あり」と判定されたブユは前回あるいはそれ以前の吸血時に仔虫を取り込んだ可能性があるので、さらに頭部、胸部、腹部に分けて細かく組織を刻み、オンコセルカ幼虫の寄生状況を調べる。見つかった幼虫は、大きさと形態的特徴から仔虫、第1期、第2期、第3期に分けた。

第3期と判定された幼虫は、大きさから3種がいることが推測された。1・0㎜を超える最も長い幼虫をO. sp. type I、0・5㎜ほどの最も短いのをO. sp. type III（O. lienalis と仮に同定）、そして中間の長さの0・7〜0・8㎜の幼虫をO. sp. type II（O. gutturosa と仮に同定）とした。

大分と熊本においては毎月1、2回、年間を通じて牛舎で調査を行い、これら牛オンコセルカ3種のブユによる伝播の時期も推測した。大分では、O. sp. type III がヒメアシマダラブユ S. arakawae から、O. sp. type II がキアシツメトゲブユから、そしてO. sp. type I は両種ブユから見つかった。O. sp. type III とO. sp. type I の第3期幼虫は5月から11月までみられた。一方、O. sp. type II の第3期幼虫は、2個体のキアシツメトゲブユから8月に見つかっただけだ。前2種に比べ、幼虫感染率が低く、感染時期も8月だけと短く、何故なんだろうという疑問が残った。

熊本県菊池市の牛舎では、O. sp. type III とO. sp. type I の2種だけでO. sp. type II と思われる幼虫は見いだせなかった。O. sp. type I はキアシツメトゲブユから見つかった。O. sp. type III の幼虫は、ヒメアシマダラブユのほか、私が1978年に新種として記載したキュウシュウヤマブユ S. kyushuense からも見つかった。

関連した調査は、多くの先生たちの協力を得て、全国のいくつかの地域で行った。東北農業試験所の早川博文博士の協力を得た岩手では、O. sp. type III とO. sp. type I の幼虫と思われる2種のオンコセルカがダイセンヤマブユ S. daisense から、O. sp. type I がオオイタツメトゲブユ S. oitanum から見いだされた。

この調査に関連して、大分県食肉衛生検査所所長中畑耕一先生の御協力を得て、犬飼市の屠場で牛の皮膚をもらい、オンコセルカの仔虫がいるかどうかを調べた。その結果、我が国の牛には、従来から知られているO. gutturosa のほかに、欧米に分布するO. lienalis と未記載種 O. sp. type I の合計3種が寄生していることが判明した。同一地域に3種もの牛のオンコセルカが分布しているような地域は世界でも稀で、大分はそういう意味でも大変理想的な研究の場となった。

ただ、未記載種 O. sp. type I については、牛の皮膚中の仔虫とブユの体内の第1期から第3期幼虫、さらに媒介ブユ種も判明したが、その後の調査でも牛から成虫を見つけるまでには至ってない。遺伝子解析の結果ではこの未記載種は新種の可能性が高いが、成虫の記載ができていないので、現在も種名がないままである。

この未記載種の仔虫は螺旋状をしているので、他の種の仔虫との区別が容易である。実は牛の皮膚中にこの仔虫がいることは1956年に報告されている。ただし、当時はO. gutturosa の仔虫とみなされていた。最近になって、私たちの研究で別種だとわかったのであるが、最初に見つかってから半世紀以上も名前がつかない寄生虫も珍しい。

なお、大分と熊本で同時にヌカカの調査もしたが、オンコセルカ幼虫はまったく見いだされていない。この地域の牛のオンコセルカの伝播にヌカカは関与していないだろうと結論した。（のちに、同僚の大塚靖博士たちにより、大分の他の地区で採集されたヌカカからO. gutturosaの遺伝子が見つかっており、ヌカカの重要さも再認識する必要がでてきた）。

このようなことから、大分で見いだされた人体症例の起因種はO. gutturosaあるいはO. sp. type Iのいずれかで、媒介者はキアシツメトゲブユであろうと推測していたが、次に述べるように、この推測は起因種については的外れであることがわかった。

ヌカカの調査では、思わぬ発見もあった。ニワトリヌカカCulicoides arakawaeから未記録の鳥寄生性糸状虫の幼虫が見つかったのである。我が国のヌカカからは初めての記録である。

これらの調査ではブユとヌカカ合わせて約3万6千匹を顕微鏡下で一匹ずつ解剖した。この根気のいる作業では、当時同じ研究室の同僚である青木千春、尾方和枝の両技官にも随分頑張ってもらった。また、見いだされた糸状虫の幼虫は、Bain博士に送り、同定してもらった。

5　起因種はイノシシ寄生性のオンコセルカ新種だった

1995年に動物寄生性オンコセルカによる人体感染の2例目が大分の国東町で発生した。患者の手首から摘出した腫瘤の病理組織標本内には雌虫体の横断面のほか斜断面も観察された。虫体の斜断面の角皮層には外側に顕著な突起が等間隔で並んでいる。このときもBain博士の協力を得て最終的にO. gutturosaではないかとして報告した。

転機となったのは2001年に大分県野津原で見つかった3例目の症例だ。腫瘤は耳の後ろの後頭部にできていた。このときは病理標本内にみられたのが雄の糸状虫であった。Bain 博士の観察により、その形態的特徴から O. gutturosa ではなく、マレーシアのイノシシに寄生する O. dewittei によく似た種であることがわかった。因みに O. dewittei は１９７７年に Bain 博士らによって記載されたものだ。

これを境に、研究の対象を牛からイノシシのオンコセルカに移した。早速、大分各地の猟師の方々にお願いしてイノシシの脚をもらい、オンコセルカの探索を始めた。入手したイノシシの脚をクール宅配便で大阪市立大学医学部の宇仁茂彦博士に送り、検索してもらった。

宇仁先生は、ニホンカモシカからオンコセルカを検出された経験のある糸状虫の専門家である。検出したオンコセルカ雌雄成虫の標本はフランスの Bain 博士にも同時に観察してもらった。

その結果、大分のイノシシの脚の腱にオンコセルカの雌雄の成虫が高い割合で寄生していることがわかった。この種は、詳細な検討の結果、O. dewittei とは幾分異なる点があることから、新亜種 O. dewittei japonica として２００１年に記載された。（最近の宇仁先生の研究で、本種は亜種から種に格上げされたので、本書では O. japonica の種名を用いる）。

この症例を機に、第１、第２の症例の起因種の再検討も行い、起因種は O. gutturosa ではなく O. japonica に訂正することになった。

当初は、雌成虫の断面の特徴に基づいて、欧米の症例の起因種と同様に、牛の O. gutturosa ではないかと思い込んでいたが、実際は、野生動物のイノシシの糸状虫が起因種であったのだ。イノシシのオンコセルカ種が人に寄生していたとは誰も予想していなかった。世界でも初めての発見である。

意外な展開をみたものである。

実は、2例目の症例のとき、雌虫体体表の角皮の突起間の距離が O. gutturosa よりかなり長い点を Bain 博士が気にされていたことを覚えている。論文のなかにもその点に少しふれておられる。十分な成虫虫体標本が得られない状況下で、オンコセルカの種の同定をすることは専門家にとっても容易ではなかったのである。

このあと大分でさらに3例、広島で3例、島根で1例、滋賀で1例、福島で1例の症例が見つかり、いずれの場合も形態的特徴から O. japonica の雌成虫が起因種として同定された。

種の同定は、同僚の福田昌子博士が担当された遺伝子解析でも確認されている。遺伝子解析には、いつも十分な虫体が材料として得られるわけではない。摘出された腫瘤を薄切りにしスライドに張り合わされた微小の虫体標本しか残っていない場合もある。そんな標本の一部を回収し、遺伝子解析を行うのは、特別な手技と慎重さが要求される。福田博士は見事にやり遂げられた。

外国でも、最近は遺伝子解析が導入され、犬やオオカミの O. lupi やシカの O. jakutensis が起因種として同定され、我が国と同様に新たな展開をみせているが、媒介者については研究が進んでいない。

6 野生動物のオンコセルカ種

イノシシのオンコセルカ検索と並行して、ニホンジカも宇仁先生に調べていただいた。その結果、既知種 O. skrjabini のほかに新種1種が見つかり、O. eberhardi として記載された。新種名は、米国の糸状虫の専門家であるM. L. Eberhard博士に因む。

その後、イノシシにはもう1種別のオンコセルカが寄生していることがわかった。これは福田博士が、イノシシの皮膚に長短二つのタイプの仔虫がいることに気付き、遺伝子解析でも確認されたことがきっかけとなった。一つのタイプはO. japonicaで他のタイプの仔虫は新種の可能性が高くなった。

この種の雌成虫は、2011年に、宇仁先生によって、いくつかの切断片として見つけられた。幸い、切断片には頭部や生殖腔などが含まれており、これをもとに記載がなされ、O. takaokaiとして2015年に論文として発表された。新種に私の名前を付けていただいたことは、大変光栄で、研究者冥利に尽きる。本種は雌成虫の角皮層に突起がなく、また体の幅も0・1㎜位で、O. japonicaとはかなり異なる。

我が国からは、すでにニホンカモシカからO. skrjabiniとO. suzukiiの2種のオンコセルカが知られているので、野生動物寄生のオンコセルカ種は合計5種を数える。

7　媒介ブユ種と媒介可能ブユ種

人体症例の起因種がO. japonicaであることがわかり、次はどのブユ種が媒介者であるかが課題だ。この課題の解決のためには少し手の込んだ実験が必要だ。

まず、イノシシの皮膚から生きた仔虫を得る。それを自作の極細のピペットを用いて何種類かのブユの雌成虫の胸部に注入する。雌成虫はこの直前に炭酸ガスで軽く麻酔する。仔虫を注入された雌成虫をプラスチックの管瓶で1週間ほど飼育した後、ブユを殺して解剖する。ブユの体内で仔虫が第3期幼虫まで発育しているかどうかを顕微鏡下で調べるのだ。幼虫発育が見られたブユ種は、「媒介可能種 potential vector」と認定する。この実験は福田博士が担当され、実に貴重な成果をあげられた。

最終的に、キアシツメトゲブユなど6種のブユで O. japonica 仔虫の第3期幼虫への発育が認められた。驚いたことに、実験で得られた第3期幼虫は、牛寄生性の O. gutturosa ではないかと同定していた第3期幼虫（O. sp. type II）と大きさと形態がほぼ同じであった。同様な第3期幼虫は、野外で採集したキアシツメトゲブユでも見つかり、遺伝子解析の結果、O. japonica であることが福田博士により確認された。この結果は、これまで報告された症例のうち少なくとも大分の症例では、キアシツメトゲブユが「媒介種 natural vector」として感染に深く関わっていた可能性を初めて実証したもので、今後の感染予防対策上たいへん意義深い成果である。

福田博士は、同時にイノシシの O. takaokai、ニホンジカの O. skrjabini と O. eberhardi の仔虫も数種のブユで第3期幼虫まで発育することを実験的に示した。興味深いことに O. takaokai の第3期幼虫は O. japonica と大きさと外観では区別がつかない。両種の雌成虫や仔虫は大きさも形態もかなり異なるのに第3期幼虫がそっくりなのは意外であった。

このことは、以前大分の牛舎で8月に採集されたキアシツメトゲブユ雌成虫2個体から見つかり O. gutturosa ではないかと思っていた第3期幼虫（O. sp. type II）は O. japonica または O. takaokai であった可能性が高いことを物語っている。

もし、そうだとすると感染率が極めて低かったことの説明もつく。山麓でイノシシから吸血した雌成虫のブユが産卵後に次の吸血のために平地の牛舎に飛来する割合は高くないからだ。

イノシシのオンコセルカ種が注目される以前のこととはいえ、限られた知識と経験だけから導いた推論には時にまちがいがあることを示すよい教訓となった。少しでも疑問が残る場合はさらなる検討を忘れてはならないのだ。自然界の謎解きはそう簡単ではない。

8 発生を予測する

一連の調査により我が国の家畜と野生動物に寄生しているオンコセルカは9種も分布していることがわかった。また、このうち6種のオンコセルカについては、実験感染と野外採集ブユの解剖により、それぞれのオンコセルカ種の媒介可能ブユ種も明らかにされた。これらの結果は、今後の本症の起因種の同定、発生予測や感染予防にも役立つものと思う。

当初、本症は大分に限定した風土病と思われていたが、私たちは北海道を除く全国どこでも発生してもおかしくはないと予測していた。今世紀に入って、九州以外の中国地方、関西地方、さらに東北地方の福島でも発生が見られたことは、すでに記した通りだ。

感染者が報告されたどの地方にもキアシツメトゲブユの分布がみられるので、本種が媒介種である可能性は高い。人オンコセルカ症の病原体 O. volvulus の幼虫はブユ体内において気温が摂氏17度以下では発育できない。この臨界温度は O. japonica でも同じと仮定すれば、人への感染の可能な期間は、大分では4月後半から11月前半までと推測される。つまり、感染幼虫を持っている雌成虫に吸血されて感染するリスクはこの期間ということである。他の地方においては、緯度が高くなるほど気温が下がるので、O. japonica による人への感染可能な期間はさらに短くなることが予想される。この感染可能な期間に媒介ブユ種に吸血されないように注意することがオンコセルカの感染の予防対策になる。

9 Serendipity 偶然がもたらす幸運な発見

時間はかかったものの、1枚の病理標本の寄生虫の断面像から新たな感染症の解明につなげた。これは、よき共同研究者に恵まれたからこそ達成できたことで、基礎研究者としてこの上ない喜びであり幸運を感じざるを得ない。

共同研究者の宇仁先生は、本症に関する一連の研究を振り返り、「新たな感染症の発見は serendipity にふさわしい成果だ」と感想を述べておられる。

臨床の現場からの数ある検査依頼のなかには、大きな発見につながるヒントが隠れている。それを見逃さない能力も研究者には求められているということだ。

仏国立自然史博物館の Bain 博士には日本学術振興会の招聘研究者として同僚の Chabaud 博士と1992年に大分に招待したときに初めてお会いできた。糸状虫の世界的な研究者であるが、実に謙虚で親しみ深く、研究以外にも好奇心が旺盛なのに感心したものである。彼女は残念なことに2014年に病気で逝去された。病床にあっても亡くなられる直前まで研究を続けられた。博士の御指導がなかったら、私たちの研究もこれほど進展しなかったと思う。心から感謝するとともに哀悼の意を表したい。

博士の名を冠した「Odile Bain Memorial Prize」が寄生虫学分野で将来を期待される優秀な若手女性研究者を対象に国際学術雑誌『Parasites & Vectors』に設けられ、毎年授与されていることを付記したい。

第八章　熱帯アジアのブユを探る

1　インドネシアの調査行

南西諸島から台湾、フィリピンと南下しながらブユ相の調査を進めてくると、次はさらに南に位置するインドネシアに自然と目が行く。この国は東南アジアの多くの国のなかで、私がもっとも訪ねたい国だった。

この国は地史学的にも成り立ちを異にする多くの大小の島々が東西に幅広く連なる。動物地理的には西半分が東洋区に、東半分がオーストラリア区に属する。

両区の境界線はブユではどこに引けるのか、与那国島で見つかった S. yonakuniense の仲間がフィリピンに分布していることはわかったが、さらに南のインドネシアまで分布がみられるのか、さらに東のオーストラリア区まで分布しているのか、フィリピンで見つけた、いくつかの固有の種群はインドネシアではどうなっているのか、等々、調べてみたい課題がたくさんあった。

スラウェシ島北部

インドネシアのブユを初めて見たのは、1986年に英国のD. M. Roberts博士から送られてきたスラウェシ島のブユの標本だ。博士は、1985年の夏に英国昆虫学会による「Wallace Project Expedition」に参加し、スラウェシ島北部のDumoga-Borne国立自然公園でブユを採集していた。

実は、1985年7月に私が西アフリカのナイジェリア北部のジョス大学に滞在中に、調査に出発直前の彼に会う機会があり、「スラウェシ島でブユを採集できたら是非見せてほしい」と頼んでいたのを覚えておいてくれたのだ。

早速調べてみたら、3亜属7種に分けられた。そのうち2種は蛹だけだったので、種の同定はできなかったが、1種は既知種のS. aureohirtumで、他の4種は新種であった。新種のうちGomphostilbia亜属の1種は、雄の後脚第1跗節が肥大化しておりS. metatarsaleやS. tokarenseと同じ種群であるが、蛹の呼吸管が6本である点、例外的な種である。Roberts博士の奥方の名前Rosemaryに因んでS. rosemaryaeとした。Simulium亜属の2新種は、フィリピンのS. melanopusと同じ種群であるが、産卵管後葉paraproctの腹板に剛毛をもつなど、フィリピンの種とは異なる形質が見つかった。（この2種と後の調査でスラウェシ島から見つかった7種およびセラム島から見つかった1種は、2017年にSimulium亜属の種群の見直しをした際に、S. melanopus種群から新しく設立したS. dumogaense種群に移した）。

同じ「Wallace Project Expedition」に参加した英国のR. H. L. Disney博士からもライトトラップで捕集された2個体のブユ雌成虫が送られてきた。2個体とも異なる新種であり、S. disneyiと名付けた1種は、雌成虫の胸部側面の膜質部に微毛を有しMorops亜属に同定された（後にGomphostilbia亜属のS.

banauense 種群に移した)。

ジャワ島

1990年の暮に、家族とともに半年間滞在したロンドンからの帰途、初めてジャワ島を訪ねた。長年の思いが叶い、インドネシアで実際に調査をすることになった。

このときは、ボゴール農科大学獣医学部のS. H. Sigit教授にお世話になった。ジャカルタの空港まで迎えにきていただいた上、ボゴールの大学キャンパスの近くにある自宅で歓迎会も開いていただいた。これから私の研究室でブユを勉強したいという若いスタッフのUpikさんや宮崎大学の獣医学部へ留学予定の若手のスタッフBanbanさんやその家族を含め、20名ほどが集まっていた。

イスラム教の教えの強い国柄なので、酒は禁じられている。飲み物は紅茶かジュースだ。このときはインドネシア語をまだ一言も勉強していなかったが、幸い、大学のスタッフの人たちとは英語で話ができた。

しかし、大学から一歩外に出ると、英語がほとんど通じず、大変だった。インドネシア語を話せない私の行動は自ずから制限され、宿泊先のホステルと大学の間を往復するだけだった。大学以外のところに外出するときは、英語の分かる大学のスタッフに同行してもらい、通訳を頼んだ。ベチャ(三輪車)に乗る交渉やレストランでの料理の注文なども通訳なしでは無理だった。情けない思いだ。

これでは先が思いやられる。次の訪問時には何とか独りでやっていけるようにしたい。ボゴールの書店を訪ね、英語で解説したインドネシア語の会話本を購入し、早速勉強を始めた。

ブユ採集の前に、Sigit 先生にブユとオンコセルカ症の講義を頼まれた。このとき司会役の Kesuhart 講師が私のことを「ハンサムな研究者」と紹介したのには苦笑した。「ハンサム」と呼ばれたのは生まれて初めてのことだ。イスラムの人たちは敬虔で真面目な人が多く、このようなお世辞や冗談などは縁の無い世界と思い込んでいたので意外だった。しかし、この司会者の御世辞のお蔭で随分と緊張がほぐれた。その甲斐もあって、スライドを用いた講義は和やかな雰囲気のなかで進めることができ、終わった後の質問もたくさん出た。

ジャワ島には1カ月半ほど滞在し、ボゴール近くのチボダス山に大学の車で採集にでかけたほか、ジャカルタから夜行列車でジャワ島東部のスラバヤまで移動し、トレテスなどで採集を行った。また、ロンドンの博物館でみた S. batoense を実際に採集できればと思い、バンドンにもバスを利用して泊りがけで出かけた。

これらの調査で、S. batoense などの既知種のほか3新種を得た。S. batoense と南西諸島の類似種 S. yaeyamaense とのちがいについてはすでに述べた。

新種のうち1種 S. sigiti は Simulium 亜属の S. tuberosum 種群に属する。蛹の呼吸器官の基部近くの胸部にコンマ状のくぼみを持っている。当時はこの特徴はオーストラリア区の Morops 亜属の S. clathrinum 種群の種（図5のA）にしか知られていなかったので驚いた。S. tuberosum 種群は旧北区や北アメリカ、アジアの大陸部とボルネオ島（サバとサラワク州）やパラワン島に分布がみられるがインドネシアでは本種が初めての記録である。この種群の種としては最も南に分布する種となった。

もう1種は、蛹の呼吸管が8本で短く、幼虫の頭部腹面のクレフトが深く、腹部第1節から第5

節の背面や側面に突起をもち、さらに第6節から第8節の背面に黒くて大きな感覚毛を有するなど、Gomphostilbia 亜属のなかでも異質な種だ。実は、この幼虫と蛹は、1934年に Edwards が、彼が1925年にスマトラ島で採集された雄成虫に基づいて記載した S. varicorne と同一種としていたものだ。この雄成虫は触角が普通11節のところ、10節しかない変わった種だ。

ところが、私が採集した蛹から成虫を羽化させたところ、雌雄成虫の触角が11節のものばかりで、S. varicorne ではないことが分かった。Edwards は「雄成虫も幼虫も変わり者なので、同じ種と考えた」と記しているが、それは見事にまちがっていたことになる。56年間誰もが S. varicorne の幼虫と思っていたが、実は別の新種だった例だ。「驚嘆すべき」という意味のインドネシア語「parahiyang」に因んで S. parahiyangum とした。（ちなみに、S. varicorne の幼虫、蛹は2018年になって、マラヤ大学の Izu さん〈マラヤ大学での私の元大学院生、現講師〉によってやっとスマトラ島で採集された）。

ジャワ島では、Simulium 亜属でここにしかみられない特有の系統の種がいくつか見られる。

一つは、我が国のゴスジシラキブユに似た大型のブユで雌雄の生殖器に特徴がある。雌の産卵弁は先端に向かって細くなり、内縁は大きく湾曲する。雄の生殖板は西洋ナシ様で長い。S. eximium、S. thienemanni の既知種が知られていたが、さらに1新種 S. upikae を見いだした。この3種に後でスマトラ島で採集し記載した S. ranauense を加えて S. eximium 種群を構成する。

二つ目は、S. iridescens と S. javaense で、S. melanopus 種群に含めた。（2種とも2017年に新たに設けた S. iridescens 種群に移した）。S. javaense は蛹の6本の呼吸管が膨らんでいる以外は S. iridescens と形態が似ており、Edwards が亜種として取り扱っていた種だ。

三つ目は*S. nebulicola*と新種*S. celsum*で、雌雄成虫の外部生殖器が特徴的で、長らくどの種群にも分類できなかった。後にスマトラ島で採集した新種*S. sumatraense*とともに２０１７年に新たに設けた*S. nebulicola*種群に含めた。これら3種は、雌雄成虫の脚色で区別できるが、他の形態は良く似ている。

こうしてジャワ島のブユの研究を始めたときに、カナダのMcMaster大学のD. M. Davies教授からマレー半島と西ジャワで採集されたブユ標本が送られてきた。これらは、１９７５年に教授自身が採集されたものだが、高齢のため自分では研究が難しくなってきたので引き受けてほしいと依頼を受けた。

既知種を整理して、さらに新種を追加し、ジャワ島のブユ数が17から22と増えた。（マレーシアの半島部とジャワ島のブユのまとめとして１９９５年と１９９６年に二つのモノグラフにしてDavies教授と共著で出版することができた）。

ジャワでは、２０１２年に*S. sundaicum*が*S. atratum*のシノニムとされたので、１種減ったが、２０１６年にもう1種新種が記載されたので、種類数は22のままである。この新種は、マラヤ大学の同僚のSofian教授たちが２０１４年5月にジャワ島のジョクジャカルタを訪ねたときにムラピ火山の麓で採集した新種*S. merapiense*だ。本種の蛹は8本の短い呼吸管をもち、この8本が基部から一斉に分かれていること、および頭部と胸部の外皮表面が滑らかで（顆粒状の突起を欠く）、幼虫のクレフトがかなり短い（ブリッジの０・３倍）などの特徴がみられた。この新種は、*Gomphostilbia*亜属の*S. epistum*種群に含めたが、これらの形質はこの亜属のなかでは稀な特徴だ。

この他、最近になってWallacellum亜属の幼虫がUpikさんらによりジャワ島のボゴールから採集されている。この亜属としては初記録である。後で述べるように、この亜属の種は、インドネシアでは、スラウェシ島、セラム島、ビアック島、それにジャワ島の東の小スンダ列島のフローレス島とチモール島から報告されているが、さらに分布域が西方へ広がったことになる。

ジャワ島では、Edwardsにより1934年に4本の細い呼吸管をもつS. tosarienseとS. tjibodenseが記録されている。この2種はNevermannia亜属のS. vernum種群に属する。それぞれ島の東西の2000mほどの高い標高で採集されている。この種群は旧北区や新北区に数多くの種類が分布するが、東南アジアやインドでは標高の高い所にだけ分布する。いわゆる氷河時代に南下し、間氷河期の気温の上昇で北へ戻る途中、気温の低い標高の高い場所に取り残されたグループと解釈されている。いわゆる「氷河期の遺存種」である。我々の調査では、採集されていない。絶滅した可能性もある。

再びスラウェシ島

1991年から1994年まで毎年1回、「インドネシアにおける寄生虫、媒介昆虫の動物地理学的研究」（文部科学省科学研究費国際研究、代表者、琉球大学 宮城一郎教授）に参加し、東はイリアンジャヤから西はスマトラ島まで調査をする機会を得た。

宮城教授（現名誉教授）は、蚊の分類、生態、防圧の専門家で、長年、我が国だけでなく東南アジアや太平洋地域の蚊の調査研究を精力的に進められ、卓越した成果をあげておられる。また、チームリーダーとして、海外調査のプロジェクトを数多く企画、実施され、そのなかで若手の蚊の研究者の育成だけでなく、蚊以外のハエ、ブユ、寄生虫などの研究者にも惜しみない支援を差し伸べられるなど、国内外で敬愛される存在だ。

私は、このインドネシアのプロジェクトのあとも、後述するように、マレーシアのサラワク州で宮城先生が企画されたサラワク博物館との共同プロジェクトにも2度ほど参加させていただいた。

1991年には、スラウェシ島北部のメナドを拠点に採集を行った。6年前にRoberts博士が新種を採集したDumoga-Borne国立公園にも泊りがけででかけた。その結果、S. yonakuniense に類似の新種が1種採集された。Wallacellum 亜属の種ではインドネシアでは最初の記録となった。この種は、翌年スラウェシ島の南部でも採集された。スラウェシ島の旧名であるセレベスに因んで S. celebesense と名づけた。

この他、成虫の胸部が朱色の Simulium 亜属の新種も1種採集された。この種の幼虫は腹部の外皮に色彩を欠き、ほぼ透明の変わり者だ。この仲間は、1992年と1994年に訪ねた同島の南部と中部でも採集され、合計11種を数える。すべて新種。このうち3種の胸部は朱色であった。朱色の体色をもつブユはアジアでは初記録である。のちに、これらはすべて S. variegatum 種群に入れた。

この種群は旧北区と東洋区の主に大陸部に分布しており、周囲のボルネオ島やジャワ島、フィリピン群島には分布していない。島嶼部のスラウェシ島で11種もの多くの種に分化がみられるのは珍しい。この種群の蛹は6本の細い呼吸管を有するが、スラウェシ島の11種のうち2種を除いた9種では呼吸管が膨らみ、このうち2種では球状を呈していた（図4のA～K）。面白いことに、呼吸管の変化に応じてこれら11種の種分化の方向が示唆される。すなわち、普通の6本の細長い呼吸管をもつ種から膨らんだ呼吸管をもつ種へ、そして最後は球状の呼吸器官をもつ種へと分化したのではないかと。同じ種群には我が国では普通種である S. oitanum が知られているが、この種の仲間が熱帯の島でこのような多様な形態変化を伴う種分化をしているなど想像すらできなかった。

Simulium 亜属では、このほか、スラウェシ島北部で１９８８年に新種として記載した S. dumogaense と S. tumpaense の仲間の新種が7種も採集された。フィリピンで Simulium 亜属の優先種群である S. melanopus 種群にいれた。（すでに述べたように、スラウェシ島の9種とセラム島の1種は雌雄の外部生殖器に違いがあり、２０１７年に S. melanopus 種群から新しく設けた S. dumogaense 種群に移した）。

不思議なことに、フィリピン群島やボルネオ島、ジャワ島、フローレス島、チモール島などで普通にみられる Simulium 亜属の S. nobile 種群の種はここでは1種も見つからなかった。

Gomphostilbia 亜属の S. ceylonicum 種群の新種で6本の呼吸管をもつ S. rosemaryae が見つかったことは、先に述べたが、本種に酷似した別の新種 S. kamimurai と、さらに4本の呼吸管をもつ2新種 S. mogii、S. gimpuense も分布していることがわかった。種分化が蛹の呼吸管が8本から6本、さらに4本へと数を減らす方向に進んだことが読み取れる。

同じ亜属では S. batoense 種群でも11種の新種が見つかった。このうち S. miyagii は蛹の呼吸器官の柄部が長く、繭に前方突起がある特徴を有し、他の新種とは異なる。また、東南部で採集された新種 S. kolakaense の呼吸器官はソーセージ様に膨らんだ2本の呼吸管と細い糸状の6本の呼吸管からなる。この種群のなかでは呼吸管が肥大する例はまれだ。

Gomphostilbia 亜属のなかで S. varicorne 種群の新種 S. tomae も採集された。成虫の触角が10節からなるので区別される。この種群としては地理的に最も東に分布する種だ。
Nevermannia 亜属では S. aureohirtum のほか、S. feuerborni 種群の2新種も採集された。この2新種も S. feuerborni 種群としては地理分布上最も東に位置する。

スマトラ島

ジャワ島の西部に位置する大きな島スマトラでは2度調査を行った。最初は、1992年にスラウェシ島の調査の後、私だけ7月後半にボゴールに戻り、ボゴール農科大学の共同研究者たちとスマトラ島の東部で調査を行った。寄生虫学講座の車でジャワ島の西端まで行き、フェリーでスマトラ島に渡った。2度目は、1994年8月、日本からの研究チーム全員8名で、ジャカルタから空路スマトラ島西部のパダンを訪ね、そこを拠点として、寄生虫、蚊、ブユなど各自の調査を行った。

スマトラ島のブユについては、1934年に英国の Edwards により9種が記録されていた。この調査では、このうち6種を含む22種が採集された。

新種は3種含まれ、そのうち S. padangense は、蛹の呼吸器官が1本のソーセージ状の膨らんだ呼吸管と7本の糸状の細い呼吸管をもつ。当初、虫眼鏡でこの蛹の膨れた呼吸管を見たときには、イリアンジャワやパプアニューギニアに分布する Morops 亜属の S. farciminis 種群（図5のB～E）が東洋区のこんな離れたところにもいるのかと思わず息を呑んだ。

帰国後、よく観察すると成虫の胸部側面の膜質部が無毛で、蛹の細い呼吸管も4本ではなく7本なので Morops 亜属ではなく、Gomphostilbia 亜属の種とわかった。糠喜びだった。この種は、成虫の形態からS. epistum種群に入れたが、この種群では、細い呼吸管をもつものばかりなので、この種は例外的な存在だ。紛らわしい種もいるものだ。

２番目の新種S. minangkabaumは、日本のキアシツメトゲブユの仲間でS. argentipes種群に属する。花篭状に編まれた繭（図１のP）は似ているが、蛹の呼吸管が８本から10本と変異がみられる。この種群は、東南アジアでは、台湾、フィリピン、ベトナム、マレー半島、それに東マレーシアのサバとサラワクから報告されているが、インドネシアからは初めての記録だ。

３番目の新種S. sumatraenseは、ジャワ島のS. nebulicolaによく似た種で、後にSimulium亜属の種群を再検討した際に、新たに設けたS. nebulicola種群に入れた。

新たに記録された12種のうち７種はマレー半島部に分布する種で、残りはジャワ島に分布が知られている種である。マレー半島に分布するS. bishopiは、フィリピン群島とボルネオ島におもに分布するS. melanopus種群に属する。マレー半島はこの種群の分布の西端となっていたが、今回の調査でその分布がさらに西のスマトラ島まで延びたことになる。

その後、１９７７年にスイスのGlatthaar博士が採集した標本をもとに、私たちが１９９５年に記載したS. glatthaariと、２００６年に記載したS. eximium種群のS. ranauenseの２新種が増えたので、スマトラ島のブユは現在26種となった。

このなかで、私の目を引いたのは、S. glatthaariだ。本種は、Nevermannia亜属のS. ruficorne種群に属するが、蛹の呼吸管がS. aureohirtumで６本、そのほかのすべての種で４本なのに対し、８本を有する。この種の発見はこの種群の種分化と地理的分布を語る上で興味深い。

この種群は、東洋区のほか、東のオーストラリア区、北の旧北区およびアフリカとマダガスカルを含むエチオピア区に分布する。種分化が蛹の呼吸管の数を減らす方向に進んだと仮定すると、この種群は、スマトラ島の S. glatthaari から S. aureohirtum に分かれ、ここから東洋区の全域に広がり、呼吸管4本のほかの種にさらに分化し、東はオーストラリア区へ、あるいはユーラシア大陸をへて西のアフリカ大陸、そしてマダガスカル島へ分布を拡げていったと推定される。このような推論が可能になるのではないか。

余談になるが、パダンはジャワ島と文化的にも異なっており、その一端は船型の家屋の屋根や食事にも表れている。

パダン料理の食堂で最初に驚かされたのは、テーブルに着くなり、店員がショーケースのなかの料理を盛ったお皿を次々と出してきたことだ。お皿に載った鶏の唐揚げ、焼き魚や焼き肉、蛙のグリルなどが我々のテーブルにところ狭しに並んだ。まだ注文もしていないのに。こんなにたくさん食べきれないな。これには参ってしまった。

同行したインドネシアの研究者は、「マカン（さあ、いただきましょう）」といいながら、お気に入りのものから食べ始めている。これでは、後の勘定はどうなるのだ。心配になってきた。

しかし、勘定の心配は杞憂に終わった。お客は出された色々な料理のなかから好きなものを好きなだけ食べる。終わると店員がテーブルへ来て、お皿に残った料理をみて、お客が何をどれだけ食したか、計算するのだ。残った料理はまた、ショーケースに戻された。これがパダン式とのこと。

マルク諸島（ハルマヘラ島、アンボン島、セラム島）

インドネシアでの調査の3年目にあたる1993年には、インドネシアの東部地域を構成するマルク諸島（ハルマヘラ島、アンボン島、セラム島）とパプアニューギニア島の西半分を占めるイリアンジャヤを訪ね、ブユ採集を行った。

この地域ではブユの調査はほとんど行われておらず、イリアンジャヤのワメナからMorops亜属の1種が報告されているだけであった。これらの島々はオースラリア区に含まれるが、ブユに関しては、東洋区系の系統がどのくらい分布しているのか、生物地理学的にも大変興味深い地域だ。

出発直前の6月12日に父が他界したので、葬儀を済ませた後、チームに遅れて一人インドネシアへ向かった。ジャカルタで高等教育研究局ＬＩＰＩや内務省で手続きを済ませ、3日後に空路ジャカルタを発ち、スラウェシ経由で他のメンバーの待つハルマヘラ島へ移動した。ハルマヘラ島でチームに合流後、現地の許可を得るために一人マルク州庁舎のある南のアンボン島へ向かった。アンボン島で許可が出た後、アンボン島のほか、この島の北東部に位置するセラム島の西部地域でブユ採集を行った。セラム島にはアンボン島からフェリーで渡った。

アンボン島とセラム島西部では、合わせてMorops亜属の1既知種S. papuense（図5のＩ）とS. clathrinum種群の5新種、Gomphostilbia亜属の1既知種S. hemicyclium およびS. ceylonicum種群の2新種が採集されたほか、驚いたことにSimulium亜属の1新種も得られた。

このSimulium亜属の新種は蛹から羽化した1個体の雌成虫と終齢幼虫をもとに記載し、島の名前をつけてS. seramenseとしたが、その蛹の採集の経緯についても記しておきたい。

セラム島の西部地域の海岸沿いに道路を横切るいくつかの川で採集を終え、アンボン島のホテルに戻り、標本を虫眼鏡で観察していたところ、大きくて黒褐色の幼虫が数匹入っていた。頭部腹面のクレフトも三角形をしている。ひょっとすると Simulium 亜属か。オーストラリア区では、まだ記録がない。本当だとすると貴重な種になる。しかし、残念なことに、同じ種と思われる蛹は採集されていなかった。幼虫だけでは種まで同定はできない。なんとかこの種の蛹が欲しい。すぐに当日雇った夕クシードライバーへ連絡し、翌日再度セラム島に行ってくれるよう頼んだ。

例の幼虫は、高さが30mもあろうかという立派な滝直下の川幅5、6mの流れから採集されていた。流れに垂れている草や小枝など、蛹のついていそうな基物を手当たり次第に探した。どの蛹も小さくスリッパ型（図1のB）で Morops 亜属の種ばかりだ。

やっと一つの小枝に大き目の靴型の繭（図1のS）をもつ蛹が1個体見つかった。小枝の余分な部分を切り捨て、蛹のついている部分だけをプラスチックの管瓶に大事に入れる。その後、滝の下流を100mほど探したが、同じものは見つからなかった。

もっと蛹が欲しい。滝の上にいるかもしれない。なんとか行けないものか。地元の人に聞いたが、道はないという。こうなったら一人で登っていくしかない。滝の横の藪を上り、やっと流れにたどり着いたと思ったら、本流ではなく支流の一つだった。6本の呼吸管をもつ S. rosemaryae に似た Gomphostilbia 亜属の新種（のちにスラウェシの S. kamimurai と同定）は採集されたが、例の種は得られなかった。

目的の滝の上流部である本流へは結局行けず仕舞いになってしまった。現地の案内人無しではやはり無理だった。

蛹が1個体でも採集されたのを「良し」としなくては。次は、なんとしてもこの蛹から成虫を羽化させたい。気温が高かったり、乾燥したりすると蛹が死ぬ可能性が高くなる。蛹の入った管瓶を濡れたタオルで包み、エアコンの入ったホテルの部屋で2日間様子を見た。一向に羽化の兆候はない。繭が靴型の場合は、繭の開口部が上を向いているのでそこに水滴がたまり、蛹が死ぬ場合がある。カビの感染を防ぐため、朝夕2回、繭ごと水道水で清める。開口部に溜まった水はやわらかい紙でそっと吸い取った。

3日目に空路ハルマヘラ島に戻る。採集から4日目にやっと雌成虫が羽化してきた。胸をなでおろす。今回ほど、移動中を含め、生きた蛹の管理に気を使ったことはなかった。またこんなに気をもませた新種もこれまでいなかった。その夜は、地元のヤシガニ料理を肴にビールをおいしく飲めた。

帰国後、本種は S. melanopus 種群の新種であることがわかった。(本種は、すでに述べたように、後に S. melanopus 種群から独立させた S. dumogaense 種群に移した)。S. seramense は、今でも、オーストラリア区で唯一の Simulium 亜属の種である。

ハルマヘラ島では、中部で調査中のチームと離れ、北部のトベロでもブユ採集を行った。マルク諸島は「香料諸島」といわれるだけあって、ここの集落の周りは丁子の木々が多い。道の両脇には筵の上に広げられた摘み取られたばかりの丁子の花の蕾が独特の香りを漂わせている。そのなかを、インドネシア語で「ベンリ」と呼ばれる馬車が走る。のどかな風景だ。ここではタクシーの代わりで、その名の通りに便利だ。

トベロの案内役は、アンボン島で雇ったタクシーのドライバーの知り合いだ。アンボン島滞在中にハルマヘラ島に戻ることを話していたので、連絡をとってくれたのだった。このあたりには、第二次世界大戦中、日本軍が進駐しており、浜辺では錆付いた戦車や大砲、沖合では撃沈された軍艦か輸送船の残骸がそのままになっていた。

ここでも Morops 亜属の S. clathrinum 種群の新種が採集された。S. halmaheraense と名付ける。アンボン島に続いて Gomphostilbia 亜属の S. hemicyclium がここでも採集された。このほかに新種が採集されたが、そのうち S. curvum は幼虫の大顎に過剰な歯列を有するなど、この亜属では例外的な特徴をもっている。面白いことに、パラオ島から記載された S. palauense でも同じような特徴が見られる。S. palauense は雌だけしか知られていなかったが、1999年にカナダのアルバータ大学の D. A. Craig 名誉教授が採集した蛹と幼虫が私に送られてきたので、蛹の呼吸管が4本であることや幼虫の頭部腹面にクレフトが無く、大顎に過剰な歯列を有するなどの特徴がわかった。

Nevermannia 亜属では S. aureohirtum が採集された。本種は東洋区でもっとも広く分布する種であるが、今回初めて、オーストラリア区のハルマヘラ島でも分布が確認された。面白いことにここでは、本種の蛹の呼吸管の長さと大きさに変異がみられた。分布の辺縁部では一般的に種内変異に富むといわれるが、その例に相当するのか。

ハルマヘラ島北部の採集の後、再度中部へ戻りチームと合流し、この後、蚊の専門家の上村先生と茂木先生と3名でセラム島の東部地域の調査にでかけることにした。アンボン島まで飛行機で飛び、そこからモーターボートを雇ってセラム島の東部の海岸沿いの集落へむかった。モーターボートは速い。しかし、船底を海面にたたきつけながら進むので乗り心地が悪いことこの上ない。

2時間ほどで目的地に着き、宿を探した。1泊200円ほどの簡易宿泊所だ。狭い部屋の両脇に2段ベッド。別棟にある台所は薄暗く、大きなカメに汲み置きの水が貯めてある。ひしゃくで水を掬うと、ボウフラがぴくぴくと泳いでいる。水浴と洗濯は近くの川で済ませる。食事は持参したインスタントラーメンだ。

午後、早速、地元の人を案内に雇い、3名で採集にでかける。内陸部の高地にあるマヌセラという集落へ向かう山道だ。行けども行けども流れがない。すでに3時間も歩き、標高も500mまで登ってきた。今日は手ぶらで帰ることになるのか。案内人に問うと、あと30分も上ると川があるという。あとの2人にはその場で待ってもらい、私だけさらに歩き続けた。

小さな流れにやっとたどり着いた。暗くなる前に山を下りなければならないので、あまり時間はない。急いでブユの蛹と幼虫を探す。なんとか採集できた。帰路は下り坂にもかかわらず、疲れて息切れしそうになった。2名の同僚の待つ場所にもどると道端の草地に大の字にのびてしまった。

しんどい午後の調査となったが、採集されたのは Morops 亜属の新種で、蛹の呼吸管の基部にくぼみをもつ（図5のA参照）S. clathrinum 種群だ。ところが驚いたことに、このくぼみの大きさが個体ごとにまちまちだ。この種群のほかの種を観察したかぎりでは、このくぼみの大きさが種ごとに一定している。この水系には何種類も混生しているのか？

帰国後、よく検討した結果、普通は安定しているはずのくぼみの大きさのちがいは種内変異によるもので、どの蛹も同一種に属するものと解釈した。

前にも記したように、ブユでは、このように種の特徴となる重要な形質に種内変異がみられることが稀にある。この種にはたどり着けなった山奥の地名マヌセラに因んで S. manuselaense と名付けた。

宿に近い海岸沿いの低地の川では、同じ種群の新種のほかに、S. yonakuniense に似た Wallacellum 亜属の新種 S. alfurense も得られた。この亜属がオーストラリア区まで分布していることが初めてわかった。この種は、次に訪ねた、さらに東のイリアンジャヤのビアック島でも採集された。ただ、不思議なことに、近くのイリアンジャヤやハルマヘラ島、アンボン島ではまだ見つかっていない。

さて、オーストラリア区と東洋区の境界線をブユで見た場合は、どこに引けるのか?

今回の調査により、この問題を解くヒントが得られたように思う。Morops と Simulium の2亜属に着目し、それぞれの占める優先度がよい指標となりそうである。すなわち、Morops 亜属の分布する島をオーストラリア区、Simulium 亜属の分布する島を東洋区とする。アンボンとハルマヘラ島には Morops 亜属がそれぞれ2種分布し、Simulium 亜属は分布しない。セラム島には両亜属が分布するが、Morops 亜属が5種と Simulium 亜属の1種より多く、アンボンより東に位置するので、この島はオーストラリア区とみなす。すでに見てきたように、スラウェシ島とその北のフィリピン群島には Simulium 亜属は分布するが、Morops 亜属は分布しない。したがって、スラウェシ島とマルク諸島の間を北上しフィリピンの東へ抜ける境界線が引けそうである。この境界線は Weber 線として知られ、19世紀後半にマレー諸島で淡水産魚類を研究したオランダの生物学者 M. Weber 博士によって提唱された。

イリアンジャヤ

セラム島での採集を終え、アンボン島でほかのチームメンバーに合流し、イリアンジャヤの州都ジャヤプラに飛んだ。州の庁舎で手続きを済ませる。

早速、ジャヤプラ付近で採集をするが、ここまでくるとMorops亜属ばかりだ。S. farciminis種群の種は今回初めて採集された。この種群は蛹の呼吸管が5本で、そのうち1本が膨らんでいるのが特徴だ（図5のB〜E）。採集した種はパプアニューギニアのS. rounaeによく似ていたが、新種S. jayapuraenseであることがわかった。本種は、蛹の胸の下部両側に細毛束をもつ。ほかのブユ種には見られない特徴だ。驚いたことに、この種はS. yonakuniense と同じく、蛹の触角の鞘に8本の突起をもつ。Wallacellum亜属以外のMorops亜属でもこのような特異な形質がみられることは、両者が共通の祖先から分かれたことを示唆しているように思われる。

ここでは、Morops亜属のS. oculatum種群の新種も採集された。4本の呼吸管にくびれをもつのが特徴だ（図5のF〜H）。

海岸沿いの調査を終えたあと、内陸部のワメナへ飛行機で移動する。ワメナはバリエム盆地の中心地でここは標高が1500m以上の高地で涼しい。観光地ともなっており、簡易ホテルも整備されている。ここの住民は肌が黒く、これまで見てきたインドネシアの他の島の人びととはちがう。市場で見かける男性のなかには、全身裸で頭を鳥の羽で飾り、性器は角型の筒状容器に収め、槍を手にしているものもいる。危険はなさそうだ。どうも観光客向けらしい。随分とちがう世界に来たことを肌で感じた。

早速、案内人を雇い採集にでかける。盆地内は未舗装の車道が張り巡らされ、町の郊外まで車で移動可能だが、歩きながら出遭った流れでブユを採集することにした。大小の河川もいくつか見られる。川辺の集落には粗末な茅葺の家々が点在する。

Nevermannia 亜属で S. aureohirtum の仲間の既知種 S. ornatipes に初めて出会う。呼吸管が4本で長さと膨らみ程度に個体差がみられた。

バリエム盆地で唯一の既知種 Morops 亜属の S. wamenaense は雄だけで記載されていたが、今回蛹と幼虫が採集され雌個体も得ることができた。S. melatum 種群に入れた。Morops 亜属では S. farciminis 種群でパプアニューギニアの2既知種 S. botulus と S. farciminis が採集された。また S. oculatum 種群でも2新種が採集された。

Morops 亜属は蛹の呼吸器官の形態が多様で、それをもとにいくつの種群に分けられている。なかでも S. farciminis 種群は、すでに述べたように蛹の呼吸管5本のうち1本だけが膨らんでいる（図5のB～E）。採集された既知の2種は、文献や大英自然史博物館に保管されている標本を見たときから、変わった呼吸器官だなと強く印象に残っていた種だ。

S. oculatum 種群では、4本の呼吸管それぞれの基部がくびれをもち、先端部は明らかに細く、なかには先端部のキチン化が弱く、管というよりも膨らんだ風船のように薄い膜状に変化しているものもある（図5のF～H）。ワメナで採集した S. oculatum 種群の2新種のなかで母の名前にちなんで S. takae と名付けた種の蛹の呼吸器官（図5のG）は基部が紡錘体をしており、その先端から出ている4本の呼吸管もほぼ同じ大きさの紡錘体で、それぞれの先端部のくびれの先に薄い膜上の部分をもっており、植物のサボテンと見まちがうほどである。これほどの傑作はみたことがない。ブユのなかにもアーティストがいるものだとつくづく感心させられる。

ワメナからジャヤプラに戻り、空路すぐ北に浮かぶビアク島経由でイリアンジャヤ西部に移動することにした。ビアク島ではブユを採集するために2泊の予定であった。ここは小さい平たい島で、海岸沿いに道路が走る。道路では、子どもたちが手造りの玩具の車を引いて夢中で遊んでいる。子どものころの平穏な田舎の情景を思い出す。ここが第二次世界大戦時に激戦地の一つだったとは信じられないくらいだ。

ヤシ林を流れるいくつかの小さい流れでブユを採集した。いつの間にか、子どもたちがあつまり、私が川で何をしているのか、興味深そうについて回る。一緒に水中の枯葉を拾っては私に無邪気に見せにくる。私も「トリマ・カシー（ありがとう）」と言いながら、笑顔で葉っぱを受け取る。ブユの幼虫や蛹がついていなくても。

Morops 亜属の S. clathrinum 種群の新種 S. biakense および S. oculatum 種群の新種 S. wakrisense も採集された。

さらに、セラム島で採集された Wallacellum 亜属の S. alfurense が採集された。これは大収穫だ。与那国島からこんなにも離れた南太平洋の小島で S. yonakuniense の仲間が見つかるなんて私の想像をはるかに超えている。現在のところ、ビアック島が本亜属の分布の最東端だ。

ビアク島は国際線の要所の一つで利用客が多く、次に向かうソロンまでのチケットがなかなか取れなかった。静かな海辺のホテルで一人過ごすことになった。3日ほどしてやっと空席があり、ソロンに移動することができた。

ソロンの空港は沖合の小島にあり、そこから渡し船で本土の町に渡る。港からベチャで町の中心部から少しはなれたホテルに向かう。ここは新しいホテルで、3泊すると次の1泊は無料で泊まれるとのこと。ロビーでチェックインの時に出された冷たいメロンジュースのウェルカムドリンクが美味しかった。

ここから南のファクファクまでの飛行機のチケットの手配をしにまた町に戻る。ここではタクシーはない。流しのオートバイを止め、目的地を言って、料金を聞く。交渉が成立すれば、後ろに乗せてもらう。日本ではみられない「バイクタクシー」だ。

ファクファクまで中型のプロペラ機で海のすぐ上を飛ぶ。海岸の斜面に張り付くような小さな町だ。宿泊施設も簡素なものだ。食堂らしきものもない。宿泊施設でこちらの目的を話し、いろいろ情報を聞いたら、内陸部に向けた道路が森林を切り開いて建設中とのこと。これはいいことを聞いた。この道を進んでいけば、流れがいくつかはあるだろうと予想して、案内人と二人で出かけた。

歩き始めてしばらくして3本の水系があり、ブユを採集できた。しかし、そのあとは坂道を行けども行けども流れはなく、成果がなく引き返した。ここは、期待外れだったようだ。長居は無用。早目にソロンに戻ることにした。

ソロンでも状況はあまり変わらず、町の近くは平地ばかりだ。ホテルの前を走る道路を町と反対の方向へバイクの後ろにまたがり流れを探す。葦の藪のなかをゆっくりと流れる小川が見つかった。そこでは、*Morops* 亜属のなかで唯一呼吸管の数が約45本と多い *S. papuense* の蛹と幼虫がみつかった（図

5のI)。以前にパプアニューギニアから記載され、今回セラム島でも採集された種だ。

別の水系では Morops 亜属の S. melatum 種群の新種が採集された。成虫の後脚第1跗節の外側に普通にあるはずの釘状の突起列がまったく無い。この特徴はパプアニューギニアの類縁種の S. saihoense や Wallacellum 亜属でもみられる。後でカナダの Craig 名誉教授のニュージランドのブユの論文を読んでいるときに、Austrosimulium 属の種でも同じ特徴をもつものがいるのがわかった。この新種にはその特徴から S. nudipes と名付けた。この種はこの後訪ねたマノクワリでも採集された。

町の反対側に川があるという情報をもとに出かけてみたが、ヘドロ状の川底で濁った水だ。ブユもそれ以外の水生動物もまったく見つからなかった。上流に鉱山があるという。どうもその影響らしい。

ソロンから東のマノクワリへは空路と海路があるが、空路で行く予定を立てた。ホテルをチェックアウトし、沖合の空港へ向かった。空港で飛行機を待ったが、その日は来ず、またホテルへ戻った。次は3日後だ。

ホテルに戻って2日目の朝に、マノクワリ行の臨時便が今朝出ると聞いた。驚いて急いで準備し、チェックアウトした。連れて行かれたのは沖合の飛行場ではなく、すぐ近くの別の飛行場だった。ローカル線だけの小さい空港のようだ。無事に小型機に搭乗し、1時間ほどでマノクワリに着いた。

空港から町までの乗合の小型バンのなかで車掌に「車を雇える?」と聞いたら、「是非この車を雇ってくれ」と良い返事をもらった。そのままホテルへ着いたら、他の乗客もそこでみんな降ろされていた。申し訳ない。

ホテルでチェックインを済ませ、支庁と警察を訪ねて手続きをしたあと、早速その午後は採集にでかけた。

プラフ方面では、ヤシ林の間を流れる小さな流れのいくつかからブユが採集された。Morops 亜属では S. oculatum 種群の2新種が採集された。S. irianense と名付けた種の蛹の呼吸器官の基部に透明の大きな袋を持つ変わった種だ。別の新種には S. prafiense と名付けた。Morops 亜属の新種に混じって Gomphostilbia 亜属の既知種 S. heldsbachense も採集された。本種は、パプアニューギニアから報告されていた種だ。イリアンジャヤからは初めての記録だ。

採集の途中、第二次世界大戦で命を落とした日本兵の慰霊碑があるというので、訪ねてみた。立派なものだ。合掌。戦記本によると、ニューギニアでは、約5万7千人の日本兵が命を落としたが、敵弾に倒れるよりもマラリアや飢えで亡くなった兵が多いという。

マノクワリの町からすぐ南に聳えるアルファク山がよく見える。標高2000mほどの高さだ。山頂には二つの湖があり、その水辺に集落があるという。軽飛行機で行けるというので早速予約を入れる。毎日、早朝6時の1便だけだ。

翌日早起きして空港にでかけたが、山に雲がかかっているので、飛べないという。次の日は運よく軽飛行機に搭乗できた。やっと飛べるのかと安心していたら、滑走路に出たままなかなか飛び立たない。しばらくして小さなターミナルまで引き返した。雲の状態がよくないので飛べないとのこと。

次の日も飛ばなかった。これでは時間の無駄だ。別の方策を探った。

ホテルの人が、アルファク山には、反対側のランシキ村から山頂の集落まで登れる道があるという。丸1日かかるとのこと。登り口のあるランシキ村までは、小型バスの連絡があるという。私もこのとき49歳。この機を逃せばもうイリアンジャヤには来る機会はないだろう。決断するときだ。

翌朝、スーツケースをホテルに預け、採集道具と缶詰など必要最低限のものをショルダーバックに入れ、バスに乗り、山の反対側のランシキ村へ向かった。昼少し前に到着し、雑貨屋のおかみさんから種々情報を聞いた。上の集落には教会も警察もあり、治安は心配ないという。食料は持参したがよいという。早朝に出発すると夕方には山頂に着くという。時間の余裕がないので、これから出発したいと告げると案内人として2人の若者を探してくれた。お米と小さな鍋を購入し、すぐに出発した。

集落を出るとすぐ大きな川があり、それに沿って歩く。サクミ川で幅約20m。なだらかな道がつづく。山麓までのアプローチが意外と長かった。2時間ほどで本流から逸れ、支流沿いの道になったあたりから、やっと斜面がだんだんときつくなる。ここで標高が400mほどだ。10mほどの幅の支流にかかった大きな丸太の橋もいくつか渡った。いつの間にか夕暮れとなり、山のなかで夜を過ごすことになった。まだ標高800mほどしか登っていない。案内の若者の一人が米を炊いてくれた。持参の缶詰をおかずにして夕食をとる。

さて野宿となるとどこで寝るのか、小屋もない。雨でも降れば、みじめだなと思ったが雨はなさそうだ。そうこう思案するうちに、案内の若者が竹を何本も切り、それを並べて、水平な簡易ベッドをつくってくれた。蚊取線香をたきながら横になる。樹冠の隙間から星がみえる。

今日は、本流沿いに歩く途中で何カ所かでブユの採集ができたが、支流では道から流れまでの傾斜がきつく、なかなか採集できるところがなかった。明日以降に期待しよう。

本流では、パプアニューギニアで記載された Gomphostilbia 亜属の S. kuingingiense が採集されたほか、S. clathrinum 種群の新種 S. ransikiense が採集されていた。

翌朝、起きるとすぐ歩き始める。山頂の住民の歩いた足跡が残る細い山道は歩幅が狭く、歩きにくい。慣れるのに一苦労した。昼過ぎに山頂近くで細い流れに出遭う。湖から流れているのだろう。目的地は近いな。早速ブユ採集。S. oculatum 種群の仲間だ。呼吸管が4本で柄部が長く（図5のH）、新種の可能性が高い。あとで場所名に因んで S. norforense と名付けた。

山頂の湖がやっと望めるところまでたどり着いた。湖畔にいくつかの木造の民家がみえる。トムブロク村だ。今日は、この民家の一つに泊めてもらうことにした。集落のまわりの流れを教えてもらい、日没までブユを採集する。

ここでは Gomphostilbia 亜属の S. heldsbachense に似た新種が採集された。Morops 亜属の S. farciminis 種群で S. farciminis によく似た新種 S. pamahaense も採集された（図5のD）。

夕食にはふかしたジャガイモをたくさんいただいた。標高が1900mともなると夜は冷える。小屋の土間の真ん中に薪をくべ、それを囲むようにして同行の2人の若者と3人で休んだ。マノクワリの町で急遽購入した厚手のジャケットが役に立った。

翌朝、集落の人に頼んでカヌーをだしてもらい、朝露に包まれた湖面をゆっくりゆっくりと横断した。その幻想的な景色と静謐さは太古の世界と錯覚するほどだ。

目的地のイライ村はもう一つの湖の湖畔にある。二つの湖の間には100mほどの高さの断崖がそそり立っている。カヌーを降りた後、この断崖を上って反対側に降りる。そこからは徒歩で湖畔を集落まで歩く。早速、民家に宿泊の交渉をしたあと、警察の派出所に届けをだした。

集落は湖に流れ込む幅10～20mのイライ川の河口近くにあった。この川から採集を始めた。川は深さ30～40cmの深さで、ゆったりとした流れだ。川底には水草が密に生えておりブユの幼虫と蛹がたくさん付着していた。繭は靴型で蛹の呼吸管は両側に4本ずつで、どうやら1種類だけのようだ。Morops亜属S. melatum種群の新種S. iraienseだった。顕微鏡下でみると蛹の頭部と胸部に10～30に枝分かれした扇状の感覚毛を備えている。普通は額に3対、顔に1対あるが、この新種では顔の1対も額に移動していた。

イライ川を上流部へ歩きながら採集を続けた。ここではMorops亜属S. farciminis種群の新種S. arfakenseが採れた。なんと呼吸管の膨らみ部分が梶棒上で色が真っ黒だ（図5のB）。このほかS. oculatum種群の新種も2種（S. anggienseとS. sutebense）採集された。この2種を含めこの種群の種の雌の受精嚢の副管が主管の2倍ほどの幅になっていることがわかった。また、繭はスリッパ型だが、背面の中央部が前から後ろまでせりあがっている。この種の仲間以外ではオーストラリアのAustrosimulium属のいくつかの種にしか見られない特徴だ。

民家にはシャワーもトイレもない。先ほどブユを採集した湖に流れ込む川に目星をつける。震えながら沐浴だ。水が冷たい。なんと水温14度だ。一方、用を足すのは大変だ。日中は採集している間中、案内人のほかに村の子どもたちが物珍しがって大勢でついてくる。やや危険だが、夜間に適当な藪を探して済ませる以外にない。

次の日の午前中にまたブユ採集を続けたが、この日はなぜが子どもたちを見かけることはなかった。

後で気づいたがその日は日曜日だったのだ。みんな教会に礼拝のため集まっていたのだ。ここでは、日曜日は、場所さえあれば日中でも用を足そうと思えば可能であることがわかった。ただ、インドネシアのほとんどの地域は礼拝日の異なるイスラム教徒なので話はちがってくるが。

ブユ採集がうまくいったので、この日の午後、早めに最初の湖の村まで戻り、そこで1泊することにした。湖の間の断崖を上るときに息が切れそうになり、なんども立ち止まっては休憩を入れた。案内人の2人の若者が「ババヤ（やばいな）」とインドネシア語でひそひそ話をしていたので、相当気をもませたようだ。でも、何とか無事に前に泊まった家までたどりついた。

この夜も前と同じように寒い。たき火を囲んで眠る。ただ、美味しいふかふかのジャガイモが出てくることはなかった。持参したお米も予想以上に消費が早く、底をついていた。案内人の2人の若者が育ち盛りというか、食欲旺盛で、そこを計算に入れていなかったからだ。夕食抜きだ。まあ、これからの帰途は下りだけだから、1日位なんとかなるだろう。体力的には限界に近づいているなと思ったが、なんとか無事に下山できた。本当にほっとした。ブユ採集は大成功だった。無理をしてでも山に登る決断をしたのが正解だった。

小スンダ列島

イリアンジャヤのマノクワリからスラウェシ島のウジュンパンダンへ飛び、そこで乗り換えて小スンダ列島の東部に位置するチモール島のクーパンへ移動した。

小スンダ列島は、西からバリ島、ロンボック島、スンバワ島、スンバ島、フローレス島、そしてチモール島と、赤道のすぐ南を東西に連なっている。この列島のブユ相は、西のジャワ島および北のスラウェシ島のブユ相とどの程度類似しているのかを調べるのが目的であった。これまでブユに関してはまったく未調査の地域である。

ここでは、ボゴール農科大学の Sigit 教授の教え子にあたる人に、町の周辺を案内してもらった。乾季のためにほとんどの川が干上がっていた。ブユの生息していそうな流れは、湧水を起点とする用水路が1本あるだけであった。水路に垂れ下がる草の葉から *S. nobile* に似た種が採集された。後でよく調べたところ、幼虫の腹部第1節から第5節の背面に突起対がみられないので *S. nobile* とは異なる。また腹部背面に微細な釘状の感覚毛を有するのでフィリピンに分布する5種の仲間とも異なる。フィリピンの類縁種はすべて腹部背面に突起対も釘状の感覚毛ももっていない。すなわち *S. nobile* とフィリピンの類縁種との中間型ともみなされる新種であることがわかった。*S. timorense* と名付けた。

この中間型の種の発見は、*S. nobile* 種群の地理的分布拡大の方向を示唆する点でとても興味深い。つまり、蛹の呼吸管の数が多い方が原始形質で、少ないのを派生形質と仮定すると、フィリピンでは呼吸管が12本、10本、6本の種が分布し、インドでは3本の呼吸管をもつ種が分布するので、フィリピンからボルネオ島あるいは小スンダ列島を経てジャワ島、マレー半島、そしてタイ、ミャンマー、インドへ到達したのではないかと推測されよう。普通は、大陸から島嶼へと分布の道筋が考えられるがこの種群では逆になっているところが興味深い。

その後、２０１６年にボゴール農科大学の共同研究者たちにより、さらに、*S. aureohirtum* と *Wallacellum* 亜属の未同定の1種がこの島から報告された。続いて２０１７年にマラヤ大学の同僚の調査により、さらに2新種が採集された。

1種は、S. aureohirtum に類似の種であるが、蛹の呼吸管が6本ではなく4本と少ない点では、オーストラリア区に分布する S. ornatipes に近い。しかし、S. ornatipes とは雌の受精嚢の基部が着色していないなど、形態でわずかに異なる。ロンボック島のマタラム大学の共同研究者の I. Wayan Suana 博士に因んで S. wayani と名付けた。

ブユの進化が蛹の呼吸管が減る方向に進むと仮定すると、オーストラリアの4本の呼吸管をもつ S. ornatipes は東洋区の6本の呼吸管をもつ S. aureohirtum から分化したという道筋が考えられる。このチモール島には S. aureohirtum も生息するので、S. wayani はこの島において S. aureohirtum から分化したのではと単純に考えていたが、Adler 教授の染色体解析の結果をみると別の解釈が必要なことがわかった。驚いたことに、S. wayani は、S. ornatipes から分化したというのだ。この点を考慮すると、マルク諸島あたりで S. aureohirtum から分化した S. ornatipes がオーストラリア区で分布を拡げながら、さらにいくつかの系統に細分化され、その一つの系統がオーストラリア区から東洋区のチモールへ戻ってきたということか。

二つ目の新種は、採集されたのは蛹が1個体だけで、新種の記載をするには十分ではないが、呼吸器官が2本の膨らんだソーセージ状の呼吸管とその基部からでている4本の細い呼吸管からできており、東洋区には類似の種はいない。この蛹の呼吸器官の特徴は、後で触れるブーゲンビル島の S. yuleae に近い。S. yuleae は Gomphostilbia 亜属のなかの S. sherwoodi 種群に属する。このようなオーストラリア区の系統のブユの仲間がチモール島に分布しているとはまったく想像していなかっただけに驚きである。

3度目の調査で、このような興味深い新種が2種も発見できた。ブユ相を良く知るためには1度だけの調査だけでは不十分だということが痛感された。

クーパンとバリ島の間を飛ぶ中型のプロペラ機が各島を結ぶ。機が小さいので座席数が限られ、予約を取るのも大変である。また、携行荷物にも10kgまでと重量制限があるので、超過料金を取られることになる。試しに、インドネシアの政府からの調査許可書をみせ、「公衆衛生上大事な媒介昆虫の調査が目的ですよ」と説明したところ、「べバス」といって通してくれた。インドネシア語で「べバス」は「免除」という意味である。なんでも試してみるものだ。

次に、チモール島の西隣りのフローレス島の中部高原のルテンを訪ねた。今回の長い調査の最後の調査地だ。ここでは、S. timorense のほか、既知種4種、新種3種に未同定種1種の9種が採集された。既知種では、S. aureohirtum のほか、ジャワ島に分布する S. atratum、S. nebulicola および S. eximium が含まれる。

新種3種とも Gomphostilbia 亜属に属し、S. floresense は S. epistum 種群に、ほかの2種は S. ceylonicum 種群に属する。後者のうち S. brevilabrum は、蛹の呼吸管が4本で、スラウェシ島で採集された S. mogii と S. gimpuense の仲間である。他の1種 S. rutengense は通常の8本の呼吸管をもっていた。

その後、2017年の2回目の調査で、この種群で6本の呼吸管をもつ新種 S. rangatense も採集された。スラウェシ島で観察したのと同じく、ここでも蛹の呼吸管の数が8本から6本、さらに4本と減少することにより種分化がおきたと推測してもいいだろう。

未同定種は、S. yonakuniense の仲間の Wallacellum 亜属の種で、幼虫がわずかに1個体採集された。この種は、最近調査を行ったチモール島やスンバ島でも採集されている。（前に述べたように、ジャワ島でも本亜属の幼虫が採集されている）。ただ、種の同定には蛹と、それから羽化した成虫が必要だが、現在まで採集されていない。それでもスンダ列島がこの亜属の分布としての最南端となることが分かった意義は大きい。

この亜属には現在フィリピン群島で14種、周辺部で3種の合計17種が含まれる。これらの種が北は与那国島、南東はビアック島、南西はジャワ島を結ぶ広大な三角形の内側、すなわち東洋区とオーストラリア区の境界域の島嶼に特徴ある分布をしていることが明らかになった。

この境界域は、1928年にR. E. Dickerson 博士により「Wallacea」と名付けられている。Wallace 博士の功績を称えたものだ。最終的に、Wallacellum 亜属の分布がこの「Wallacea」にほぼ一致することがわかった。この亜属に Wallace 博士の名前を付けてよかった。

1971年に与那国島で S. yonakuniense を採集して以来、その仲間を探す私の長い長い旅もここ赤道を超えた南半球の小スンダ列島で一段落したようだ。感慨もひとしおである。

2　マレーシアのブユ

半島部

マレーシアは、半島部とボルネオ島のサバ、サラワク州からなる。

半島部のブユを調べるきっかけは、前に記したように、1990年にカナダのMcMaster大学のD.M. Davies教授から送られてきた標本だった。これらの標本は、教授夫妻が1975年にスリランカ、マレー半島、ジャワ島を回られたときに採集されたものだ。スリランカのブユについては教授自身で検討され、10新種を含む16種を5編の論文にまとめられた。マレー半島とジャワ島の標本の検討は、私に任されたのだ。実は、教授夫妻はこれら3国の調査を終えカナダに帰国される途中、当時私がいた鹿児島に立ち寄られた。それ以来親しくしていただいていた。その縁もあってDavies教授の申し出を喜んで引き受けることにした。

教授の採集された標本のうち、幼虫は水系別にアルコール瓶に保存されていた。成虫は個体別に羽化後の蛹の抜け殻と繭と一緒に微針に刺された乾燥標本で、木製の標本箱に整然と並べられていた。このような乾燥標本を調べるのは初めてだ。まず、針に刺されたままの状態で成虫の体各部の色を観察した。アルコール保存の標本に比べると難しい。脚の色は表面に密生している微毛に隠れている場合が多く、よく見えない。実際は脚の色は褐色なのに白色の微毛に覆われると外部からは見えないので白色とまちがえやすい。そのあと、プラスチックの容器に湿した脱脂綿を敷き、針に刺された標本を入れた。一昼夜そのままの状態を保った。容器のなかで乾燥標本を柔らかくほぐすのが目的だ。針に刺さった標本を容器から出し、実体顕微鏡の下で、標本を慎重に針から外した。そのあとは、アルコール溶液をいれたシャーレに移していつもの手順で観察をした。

一日乾燥させた標本は縮んでいるのでそのままでは各部の計測はできない。頭部、腹部のほか、脚も苛性カリで処理し筋肉部を溶解した。乾燥した蛹の抜け殻は、繭から外すのが容易ではない。また、腹部はとくに薄いので切れやすい。重要な形質の呼吸器官も乾燥させた標本では複数の呼吸管が一緒にくっついているので分岐法など観察が難しい場合が多い。

このように標本の取り扱いや観察に苦労はあったが、新種25種を含む38種を2属（*Simulium* と *Sulcicnephia*）4亜属（*Gomphostilbia*、*Morops*、*Nevermannia* および *Simulium*）にまとめることができた。

東洋区では *Simulium* が唯一の属であったが、旧北区の *Sulcicnephia* を新たに記録した。その根拠となったのは、幼虫と蛹だけをもとに記載した *S. unidens* だ。幼虫の口下板が特徴的で、前歯が通常の9本ではなく12本または13本からなり中央歯が顕著で、側歯を欠く。この特徴の類似性から *Sulcicnephia* 属の種と同定したのだ。

ところが、これは、幼虫の際立つ特徴だけに目を奪われたまちがいであった。後に採集した *S. unidens* の蛹から羽化した雌雄成虫の形態からこの種は、雌成虫標本をもとに記載した *S. pahangense* と同一種であることがわかった。（本種は、あとで述べるように、1997年に *Simulium* 属の下に設けた新亜属 *Daviesellum* に移すことになる）。

Morops 亜属は、元来はオーストラリア区に固有の系統であり、東洋区ではフィリピンとスリランカにのみ分布が記録されていた。マレーシアは東洋区では3番目の記録となった。この記録は終齢幼虫1個体に基づいている。記載された種は採集場所 Gombak の名前をとり *S. gombakense* とした。この幼虫の胸部には蛹の呼吸器官原器が表皮の下に透けて観察される。これを針で切り出してよくみると二つの膨らんだ部分にそれぞれ3本の指状の突起をもち、さらに合計8本の細い呼吸管を備えている（図6のE）。これまで見たこともない構造だ。フィリピンの *S. banauense* 種群にも膨らんだ呼吸器

官をもつ種が見られることから、この種群と同じくMorops亜属と同定したのだ。

S. tuberosum種群では、2種の新種を記載した。1種は、ジャワで記載したS. sigitiと同じく、蛹の胸部にくぼみをもつ。S. breviparと名付ける。もう1種S. taniは、普通の形態をしており我が国のS. suzukiiに似ている。後にタイの研究者たちの染色体分析によって、本種はタイでは9細胞型cytoformに分けられることが報告されている。

Gomphostilbia亜属のS. varicorne種群は、3種採集され、1種は、ジャワで記録されていたS. varicorneで、ほかに2新種が採集されていた。1種は、成虫の触角が普通の11節より1節少ない10節であったが、別の1種は2節も少ない9節であった。珍しい種だ。少し長めだが種名をS. novemarticulatumとした。ラテン語で「9節」という意味である。

この亜属のS. batoense種群の新種S. tahanenseの雌成虫は上唇labrumが頭盾clypeusの1・2倍もあり、目立った存在だ。ちなみに、ほかの種の上唇は頭盾の0・6〜0・8倍の長さだ。

Nevermannia亜属ではS. vernum種群の2新種がタハン山とキャメロンハイランドのブリンチャン山の標高約1600mの高地で採集された。そのうちS. caudisclerumは、フィリピンのS. aberransの幼虫に似て腹部末節に硬化した余分な斑紋accessory scleriteをもつ。

英国のEdwardsが半島部から1928年に雌成虫に基づいて記載した5種、S. argentipes、S. digrammicum、S. fuscopilosum、S. hackeri、S. hirtinervisのうち、S. hirtinervisのみ蛹と幼虫が採集されていた。

1996年3月に日本学術振興会の支援を得て、マレーシアで初めてブユ調査をする機会を得た。

マラヤ大学理学部の生物科学研究所の Yong Hoi Sen 教授の案内でクアラルンプール近郊で調査をした。スランゴール州テカラ川の小さな滝の岩床から Sulcicnephia ではないかとしていた S. unidens の蛹1個体を採集し、それから羽化した雄成虫を得た。すでに述べたように、これは Sulcicnephia ではなく、雌だけで記載した S. pahangense の雄であることがわかった。

また、タハン州のキャメロンハイランドやフレイザーヒルにも泊りがけで出かけた。キャメロンハイランドでは2新種 S. yongi と S. hoiseni を採集した。S. yongi の繭（図1のC）は透明なプラスチックに似た薄い膜からなり、前背面に深い切れ込みがあり、ほかの種の繭と異なる。S. hoiseni は Gomphostilbia 亜属の S. asakoae 種群に属するが、蛹の呼吸管が6本である点、また、雄の腹部の第2節から第9節のすべての背側面に光沢のある斑紋をもっていることもほかの種と異なる。通常この種群の蛹の呼吸管は8本で、雄の腹部の光沢斑紋は第2節と第5〜7節にだけ見られる。

フレイザーヒルでは、S. gombakense の蛹から羽化した雄成虫を得た。検討した結果、胸部膜質部に微毛がないなど Morops の特徴と合わないことがわかり、Gomphostilbia 亜属へ移した。これも幼虫だけの目立つ特徴に目を奪われたケースだ。

Yong 先生は、現在マラヤ大学名誉教授としてまだ研究を積極的に推進中で、同時に、マレーシア学術会議の会員としてこの国の科学の発展の舵取りもされている。２０１０年には生物学分野、特に遺伝学の卓越した研究で、日本の文化勲章にあたる「Merdeka Award 自由賞」を授与されておられる。Yong 先生にお世話になった日本や欧米の研究者は数多い。

１９９８年3月にも日本学術振興会の支援で2度目の調査をすることができた。このときも Yong

先生にお世話になり、半島部のほか、サバ州とサラワク州でも調査を行った。

半島部では、当時ＪＩＣＡの農業関係のプロジェクトでクアラルンプールに滞在しておられた早川博文博士の車で南のジョホール州から北のクランタン州まで走った。このときは残念ながら新種は採集されなかったが、クランタン州のグワムサンの少し幅広い緩い流れで S. novemarticulatum の蛹と幼虫を採集した。蛹からは雌雄の成虫を得た。前にも触れたように触角が通常の11節より2節も少ない珍しい種だ。本種は雌だけで記載していた種なので、雄成虫、蛹、幼虫は初めてだ。

２０１０年3月末に大分大学を定年退職し、その年の11月からマラヤ大学理学部の生物科学研究所に勤めることになった。実は、定年退職記念誌の原稿をマラヤ大学の Yong 先生にお願いした折に、「定年後は、マラヤ大学で研究を続けないか」とのお誘いを受けていた。履歴書と論文リストを送っておいたところ、2月に Ghauth Jasmon 副学長（学長は国王が兼務なので事実上の学長）から教授職のオファーレターが届いた。契約は1年間だ。幸運なことに、その後契約更新を重ね合計8年も滞在することになった。途中5年を過ぎて70歳を超えたときには、さすがに更新は無理だろうと思っていたが、「昨今流行りの分子生物学の影響で影の薄くなった形態分類学だが、その重要性は変わらない。しかし、問題は、この分野の専門家が少ないことだ。是非、続けてほしい。年齢は関係ない」とのことだった。私の専門の重要性を認めてもらったことはありがたかったが、ふと、「絶滅危惧種 endengered species」という言葉が頭をよぎり、自分に重ねていた。

理学部長の M. Sofian 教授は、殺虫剤の専門家でデング熱媒介蚊の制圧対策研究の指導的立場の先生だ。私のブユの研究にも大変興味を持っていただき、ブユ研究班の組織づくりや大学院生の紹介、研究費の取得など、大変お世話になった。さらに、学部長という多忙な毎日にもかかわらず、日程を都合し、国内だけでなく、ベトナムやインドネシアなどへの海外調査にも同行し、採集も一緒にしてもらった。キャメロンハイランドで調査したときは、帰りに道路脇で売られている収穫したばかりの果物の王様「ドリアン」を何個も割ってもらい、その独特の味を堪能する機会も得た。その折の教授のジョークは忘れられない。「引力の法則はニュートンよりもマレー人が先に見つけた。しかし、木から落下したのはリンゴではなくドリアンだったので頭に直撃を受けて即死し、残念ながら発表に至らなかった」と。ドリアンの木は10～20 m の高木だ。この高さから1～2 kg もある固い棘々の外皮をもつ実が落ちてきたらお仕舞だ。原産地ならではのジョークだと感心した。ちなみに durian の「duri」はマレー語で「棘」という意味だ。

Sofian 教授から紹介された Izu さん（Zubaidah Ya'cob 博士のニックネーム）は修士課程では鳥の生態の研究をしていた同大学の出身者だ。博士課程ではブユを研究したいとの強い希望を持っていた。山登りや川に入ることが多い野外調査も厭わず、むしろ積極的でまじめな院生だ。半島部のブユの生態の多様性に関する研究で学位を取得した。

新進気鋭の若手研究者の Lucas 君（Van Lun Low 博士のニックネーム）は蚊の分子遺伝学的研究で博士号を取得したが、研究範囲を広げ、ブユのＤＮＡ解析も一手に引き受けてくれた。

リサーチオフィサーの Chen 博士は、Sofian 教授のもと、蚊の殺虫剤抵抗性に関する研究で院生の指導をしている若手の研究者だ。ブユの調査旅行の計画、研究費の申請、旅費の管理などで協力してもらい、海外調査にも同行してくれた。院生の Lau さんも Chen 博士のよき補佐役として野外調査で支援してもらった。

このように素晴らしい研究体制のもと、8年間で、130種もの新種を記載できた。このうち、マレー半島部ではGomphostilbia亜属で15種、Nevermannia亜属で2種、Simulium亜属で6種、計23種を新たに記載できた。

ただ、このうちS. vanluni、S. pairoti、S. sazalyiの3種は、それぞれ、それまでS. nobile、S. feuerborni、S. parahiyangumとされていた種である。形態の再検討と遺伝子解析の結果、新種と判明した種だ。広い分布域をもつ、いわゆる「広域分布種generalist species」は、このように遺伝子解析の結果見直される場合が多い。

一方では、前にも登場したS. nodosumは、インド、ミャンマー、タイ、ベトナムから台湾まで広く分布するが、遺伝子解析の結果でも同一種であることが確認されている。

Gomphostilbia亜属のうちS. asakoae種群で7種も新種が採集できたことには驚いた。それまではキャメロンハイランドからS. asakoaeの1種が知られていただけだ。この種群の雌成虫と蛹の形態は酷似しており、同定がかなり難しい。雄成虫の複眼の列数などで辛うじて種間の差がみられることがわかった。

S. ceylonicum種群の新種はS. leparenseと名付けた1種だけだが、蛹の腹部末節に錨状の鉤を欠く点、この亜属では例外的な種だ。本種はIzuさんが採集した種であるが、たまたまお茶の時間に、雄成虫の写真を見せてもらったのがきっかけだった。後脚の径節の色が既知種のS. sheilaeとはわずかにちがっていたのだ。

S. batoense 種群でも新たに8種を記載したが、なかでもS. terengganuense は蛹の腹部第9節の端末鉤 terminal hooks がキノコ状をしており東洋区では珍しい種だ。同様な形質はイリアンジャヤのGomphostilbia 亜属やMorops 亜属の種のなかにも見られる。

Simulium 亜属のS. striatum 種群のS. perakense は我が国のゴスジシラキブユS. quinquestriatum によく似た種だ。この種群は雌雄成虫、蛹、幼虫とも種間のちがいがわずかで新種の見極めが難しいため、2011年にペラク州で採集していたが、記載を保留していた種だ。本種はマレーシア滞在中に記載した最後の種となった。

タイで記載されたS. adleri とS. trangense もマレーシアの半島部で分布が確認された。これも含めて半島部のブユ種はそれまでの39種から60種に増えた。マレー半島は、面積の割には種類数が極めて多い特徴が見られる。大陸部とスンダ列島を繋ぐ回廊の役目を果たしている地理的位置のほかに、アラビアヤシのプランテーションに開拓されている平野部を除けば、山あり谷ありの豊かな熱帯降雨林がそれを支えているのだろう。

マラヤ大学理学部生物科学研究所には、研究スタッフのほかに大勢のサポーティングスタッフがおり、研究の補助や学生へ講義・実習の準備などに携わっている。私たちのブユ研究班の野外調査では、サポーティングスタッフのAzhar さんがいつも車のドライバーの役目を担った。Azhar さんはIzu さんの夫でもある。二人は実に仲がいい。Izu さんが学生のときに知り合ったとのこと。二人の穏やかで笑顔を絶やさない人懐っこい人柄に何度心が和んだことか。

サバとサラワク

サバ州では、英国のEdwardsが１９３３年にSimulium亜属の４種、Nevermannia亜属の１種を成虫だけに基づいて記載している。１９６９年にはやはり英国のJ. SmartとE. A. Cliffordによって Simulium亜属２種、Gomphostilbia亜属２種、Nevermannia亜属で１種の５新種が記載された。Edwardsが記載した種のうち、S. lateraleおよびS. nigripilosumの蛹も採集し、それぞれの雄成虫も記載された。その後、SmartとCliffordにより記載された５種のうちS. tuaranenseとS. kiulienseはCrosskey博士によりS. aureohirtumおよびジャワ島で記載されたS. nobileのシノニムとされた。（のちにマラヤ大学の共同研究者のLucas君の遺伝子解析の結果、S. kiulienseはS. nobileとは異なることがわかり、シノニムから復活した）。

これらの標本は英国の自然史博物館に所蔵されている。私は、１９８３年にフィリピンのブユのモノグラフを日本学術振興会から出版したが、その研究過程で、博物館から貸与されたこれらの種の標本を観察する機会があった。S. crassimanum、S. laterale、S. nigripilosum、S. aeneifacies、S. sabahenseの雌成虫の外部生殖器を初めて観察し、前３種をS. melanopus種群に、後者２種をS. tuberosum種群に分類した。

この折、SmartとCliffordが自ら採集した種をS. nigripilosumと同定したのは誤りであることがわかり、新種名S. beludenseを与えた。この種は、雌の産卵弁が丸い点や蛹の呼吸管が８本で繭が花篭状（図１のP）である点、我が国のS. bidentatumと同じくS. argentipes種群の特徴をもっている。SmartとCliffordは、雌成虫の脚の色が似ている点だけで、この種をS. nigripilosumと誤って同定したものと思われる。

私がキナバル山で直接調査したのは、1998年3月に2度目のマレーシア訪問をしたときだ。このときは、サバ州とサラワク州の一部で調査を行った。マラヤ大学のYong教授の紹介状をもってサバ州キナバル市にあるキナバル国立公園事務所を訪ね、公園内の調査許可をもらった。翌日、バスでキナバル市から公園まで移動した。昆虫部門のGunik博士に会い、手続きを終えた。公園内の宿泊施設に4泊した。英国のEdwardsが1933年に報告した種が採集されることを願った。

翌朝、キナバル山の登山口のティンポホンまで車で送ってもらった。登山道を歩き始めて間もなく左から落ちているカーソン滝がみえた。この周辺から調査を始めた。滝壺からの流れに少数の幼虫が見つかった。これでは、不十分だ。なんとしても滝の上部へ行きたい。登山道を少し引き返したところに1本の小道があった。しかし、この小道は茂った草にも覆われ、しかも左側は底が見えないほどの深さの崖だ。普段は使用されていないようだ。用心しながら、なんとか滝の上流部にたどりつくことができた。標高は1920mほどだ。川床は岩盤で川幅は5、6mだが、流幅は1~2mの小流だ。蛹や幼虫が付着していそうな落ち葉や水草を調べながら上流へ向かった。Simulium亜属ではS. tuberosum種群の1種は採集されたが、肝心のS. melanopus種群の種は少数個体しか採集されなかった。両種群は、繭が前者ではスリッパ型（図1のA）で、後者では靴型（図1のM）なので容易に区別がつく。

一方、Nevermannia亜属とGomphostilbia亜属でそれぞれ1種新種らしいのが採集された。

Nevermannia亜属の新種は、蛹の呼吸管が4本で長い。この特徴は、S. vernum種群に一致する。「やはりここにも氷河期の遺存種がいたのか」と喜んだ。この種群の種は熱帯アジアではジャワ島やマレー半島、タイ、ベトナムの標高の高い水系にのみ分布がみられる「氷河期の遺存種」の代表的な例である。前にも述べたように、寒冷期に北から赤道近くまで南下していた種が温暖化により北へ退却する過程で気温の高くなった低地からはいなくなり、気温の低い標高の高い山地のものだけが取り残されたと説明されている。

帰国後に詳しく調べたところ、雄の外部生殖器から判断して S. vernum 種群ではなく、S. feuerborni 種群に含めたがよいことがわかった。後者の種群では、それまで知られているどの種の蛹の呼吸管も例外なく6本であったので、予想外であった。

ここで問題が生じだ。Edwards が１９３３年にキナバル山で採集した雄成虫だけから記載した S. fuscinervis も S. feuerborni 種群に属するので、この種は S. fuscinervis ではないかという疑問だ。英国の自然史博物館所蔵の S. fuscinervis の模式標本と比較したところ、両者では雄の複眼の数と生殖器の paramere の棘の数が異なることが分かり、４本の呼吸管をもつ種を新種 S. borneoense として記載した。S. fuscinervis の蛹と幼虫はまだ未採集のまま残された。

S. feuerborni 種群では、S. borneoense は呼吸管数が減った唯一の種となった。（後で触れるように、２０１４年にベトナムにおいて、この種群で呼吸管が5本の新種も見つかっている）。

Gomphostilbia 亜属の新種 S. guniki は、雌雄成虫の前脚基節が褐色で、雌の腹部第7節腹面に肥厚板を有し、蛹の頭部や胸部の外被の顆粒が比較的大きく、二次的な突起をもち、幼虫の頭部腹面のクレフトが小さいなど、この亜属では例外的な特徴をもつ。雄成虫の後脚第1跗節が膨らんでいることから当初 S. ceylonicum 種群に入れたが、２０１２年に Gomphostilbia 亜属内の種群を整理した時、新しく設けたS. darjeelingense種群に移した。

ポーリン温泉地域では、S. sheilae、S. parahiyangum、S. dentistylumの3種を新記録種として報告した。このうち、S. dentistylumは幼虫だけで同定したものだが、あとでサラワク州のバリオの調査で幼虫と蛹を得、羽化した成虫からS. ceylonicum種群の新種であることがわかった。幼虫の頭部腹面のクレフトが深く、腹部第4節と第5節の間が細くくびれているS. dentistylumの特徴に惑わされ、誤同定をした例だ。この新種の幼虫は、胸部偽脚thoracic prolegが微毛で覆われていることで、ほかのどのブユ種とも区別される。

キナバルの調査のあとサラワク州のクーチンへ移動した。サラワク博物館のC. Leh博士の協力を得てプエ山の麓で採集を行った。Leh博士はYong教授の教え子の一人でSofian教授と同級生だ。ここでは、Gomphostilbia亜属の2新種を採集した。1種はLeh博士に因んでS. lehiとし、もう1種は州名をとってS. sarawakenseとした。

2007年9月に、蚊、ハエ、ブユの調査をサラワク博物館のLeh博士と共同で実施するプロジェクトに参加した。すでに述べたインドネシアの調査でもお世話になった琉球大学の宮城一郎名誉教授が代表だ。ハエの専門家の国立感染症研究所の倉橋弘先生と一緒に調査をするのは初めての機会だった。倉橋先生はクロバエ科の分類の第一人者だ。お二人とも日本衛生動物学会の先輩で、定年後も以前と同様に並外れた情熱で海外調査を続けておられる。その気概は見習いたいものだ。

おもな調査地は、サバ州との境界に近いバリオという山中だ。クーチンからミリへ、ミリからバリオまで飛行機を乗り継いだ。飛行機は小型で山の間をすれすれに飛ぶので緊張する。過去に著名な日本人の生態学者が犠牲となった墜落事故も起きている。

バリオではイバン族の伝統的なロングハウス（二階建て木造の共同集合住居）に滞在し、ここを拠点に、徒歩で河川を探してはブユの採集をした。

ここでは、Gomphostilbia 亜属の4新種と Simulium 亜属の1新種が採集された。Gomphostilbia 亜属の4新種のうち *S. kelabitense* は、Smart と Clifford が記載した *S. rayohense* に、*S. paukatense* は半島部で記載した呼吸管が6本の *S. sextuplum* に、*S. charlesi* は成虫の触角が9節の *S. novemarticulatum* にそれぞれ似ていた。最後の種 *S. barioense* は、蛹の呼吸管の数が雌で16本、雄で13本と変異を示すだけでなく、繭が普通の長さの半分ほどしかないなど、変わり種だ。

Simulium 亜属の新種は、これまで見たことのない大変珍しい種で、雄成虫の胸部背面の銀色の模様に2型あり、それぞれの個体の複眼の数も異なっていた。当初、2種のブユが生息しているのではないかと思ったが、同じ水系で採集した蛹、幼虫、蛹から羽化した雌成虫には差異は見られなかった。この種はプエ山麓や翌年訪ねたバカラランのいくつかの水系でも採集された。いずれの水系でも雄成虫では2型存在した。もしかしたら、これは2種ではなく、2型とも同一種ではないかという見方が強くなった。大分大学の同僚の大塚靖博士とマラヤ大学の同僚の Lucas 君による遺伝子解析でこの見立てが正しいことが証明された。「驚嘆する」という意味のラテン語「mirus」から種名を *S. mirum* とした。

同じプロジェクトで２００８年8月にもサラワク州を訪ねた。このときはインドネシアのカリマンタンに近い山地のバカラランが目的地だった。前年同様ミリから小型機で目的地に着いた。ここは山に挟まれた盆地で水田が多い。水田の近くだけでなく山道にもヒルが多い。

ここでは、ポーリン温泉で採集しS. dentistylumと誤同定した種の幼虫と蛹が採集された。この種はS. ceylonicum種群の新種で幼虫の胸部の偽脚が微毛で覆われている変り種だということは前に記した。「毛が多い」という意味のラテン語「capillatus」から種名をS. capillatumとした。

もう1種もGomphostilbia亜属の新種で、雄の腹部の背面や側面、腹面が大部分黄色という特徴をもつ。蛹の呼吸管8本のうち1本が特に長く、S. epistum種群の種だ。ラテン語で「黄色い」という意味の「auratus」からS. auratumと名付けた。

話は前後するが、バカラランへ出発前に、以前調査したことのあるプエ山の麓にクーチンから日帰りで博物館の車で向かった。このときは、Gomphostilbia亜属の新種が1種と半島部で記載したS. tahanenseが新記録種として採集された。S. fulgidumと名付けた新種は、S. barioenseに似て繭が短く、また、蛹の胸部外皮上の棘の位置が普通とちがって偏っている。この点、カリマンタンで採集されたS. paserenseにも似ている。S. fulgidumもS. paserenseも蛹の呼吸管が柄部から同時に分岐するが、呼吸管数は前者で8本、後者で13本と異なる。S. barioenseの蛹の呼吸管は、すでに記したように、雌で16本、雄で13本で変則的な分岐法を示す。

バカラランの調査を終えた後、本隊から離れて一人でサバ州のキナバルへ移動し、サバ博物館のAlbert博士の協力を得て、ケニンガウやキナバル国立公園内のカーソン滝付近とマシラオの水系でも採集を行った。カーソン滝付近の藪の中の細流からはS. tuberosum種群の種を採集した。検討の結果、Edwardsの記載した5種のうちのS. aeneifaciesであることがわかった。この種群では、SmartとClifford

が記載したS. sabahenseのほかに3新種を採集し、S. masilauense、S. keningauense、S. lunduenseと地名に基づいて名付けた。後者の2新種は蛹の胸部外被の顆粒状の突起が円錐状に先が尖り、パラワン島のS. quasifrenumによく似ている。

２０１３年6月には、このプロジェクトに私は参加できなかったが、宮城教授の御厚意でマラヤ大学の院生Izuさんと夫のAzharさんを参加させてもらった。調査隊はバカラランを拠点にして、ムルー山頂へ向かった。

Izuさんは、標高１０００～２０００ｍの高地で新種4種を含む8種を採集した。新種のうち2種はSimulium亜属のS. melanopus種群で、S. murudenseとS. cheedhangiと名付けた。他の2種は、Gomphostilbia亜属で、そのうちのS. bakalalanenseはS. batoense種群に属するが、蛹の呼吸器官の基部に透明な大きな膨らみをもち、腹部末節に錨状の棘を欠くなど、この亜属でも例外的な種だ。2番目の新種はS. darjeelingense種群に属し、蛹の8本の呼吸管の柄部、とくに上部3本と中部の3本の柄部が異常に長いという特徴を有する。この種には私の名前をとってS. hiroyukiiと名付けてくれた。教え子からのありがたい贈り物だ。

彼女が採集した既知種のなかには、サラワクでは初めて記録されたS. alberti、S. beludense（2種とも原記載はサバ州）、S. terengganuense（原記載はマレー半島）も含まれる。

２０１４年6月から２０１５年の3月まで、サバ大学のLardizabal博士（Sofan教授の教え子）と学生Kevin君の協力を得て、キナバル国立公園内のカーソン滝付近やマシラウで集中的に調査を行った。この時は、プラスチックシートを基物として渓流の川底に1週間設置し、それに付着する蛹と幼虫を得た。蛹からは成虫の羽化を試みた。
結果は上出来で、Edwards が１９３３年に雌だけで記載した *S. crassimanum*、*S. nigripilosum*、*S. laterale* の蛹、幼虫、羽化した雌雄の成虫が得られた。また、私が２００７年にカーソン滝の上流部で採集した蛹とそれから羽化した雌成虫をもとに記載した *S. maklarini* も採集された。しかし、私がこの種と同時に記載した *S. riewi* および Smart と Clifford が１９６９年に記載した *S. kinabaluense* はそれぞれ *S. crassimanum* および *S. laterale* のシノニムであることがわかった。この調査では、*S. melanopus* 種群に属する2新種 *S. timpohonense* と *S. lardizabalae* も採集されたほか、サラワク州で記載した *S. cheedhangi* も記録された。

これまでの結果を総合すると、サバ州とサラワク州では、*Gomphostilbia* 亜属で19種、*Simulium* 亜属で15種、*Nevermannia* 亜属で3種の合計37種となった。

3　タイのブユ

当時長崎大学熱帯医学研究所の鈴木博博士が１９７７年と１９７９年にタイのドイインタノン国立公園を含め各地で採集されたブユ標本が私のタイのブユ研究の始まりであった。

それまでは、タイでは１９１１年に S. L. M. Summers が記載した *S. nigrogilvum* と１９２８年に Edwards が記載した *S. digrammicum* と *S. hackeri* の3種だけしか知られていなかった。どの種も雌成虫だけの記載で雄、蛹、幼虫はまだ採集されていなかった。Edwards は *S. nigrogilvum* をインド北部で1885年にBecherによって記載されたS. indicumのシノニムとして扱った。インドのI. M. Puri博士は1932年にS. digrammicumをインド産のS. nigrifronsのシノニムにした。1995年、私とDavies教授とのマレー半島のブユに関する共著のなかで、S. digrammicumをシノニムから復活させた。これは、英国の自然史博物館に保管されているS. nigrifronsの標本を観察した結果に基づく。

鈴木先生の標本を検討した結果、17種含まれていることがわかった。このなかには既知種3種のうちS. indicumとされていた種が含まれていたが、インドのS. indicumの原記載と異なることがわかったので、S. nigrogilvumを復活させた。本種の雄、蛹、幼虫も初めて記載することができた。

新記録種としては、S. aureohirtum、S. nodosum、S. nitidithorax、S. rufibasis、S. sakishimaenseの5種が含まれていた。新種はGomphostilbia亜属でS. siamense、S. inthanonenseの2種、Simulium亜属でS. chiangmaiense、S. nakhonense、S. thailandicumの3種を記載した。このほか、Nevermannia亜属のS. vernum種群とS. feuerborni種群でそれぞれ1種、Gomphostilbia亜属S. ceylonicum種群の1種およびSimulium亜属S. tuberosum種群の2種をS. sp. A、S. sp. B、S. sp. C、S. sp. D、S. sp. Eとして報告した。どれも標本が十分でなかったので新種かどうかの判断を保留とした。

S. digrammicumとS. hackeriに該当する種は採集されていなかった。タイで採集されS. hackeriと同定されていた雌成虫標本を英国の自然史博物館から借り受けて調べたところ、マレー半島のS. hackeriとは異なることがわかり、採集者のBarnes氏に因んで新種名S. barnesiを与え記載した。

この時点でタイのブユは19種となった。

1996年には横浜市立大学の斉藤一三博士がタイで採集した標本が送られてきた。全部で16

種に分類できた。このなかには幼虫の腹部背面と側面に数列の突起をもつ変わった種が含まれていた。蛹や成虫は不明であったが、その特徴から旧北区のByssodon亜属の新種として、採集された滝の名前SiripoomからS. siripoomenseとした。その後、2000年にカリフォルニア大学のM. S. Mulla教授が採集した蛹とそれから羽化した雌成虫を検討する機会があり、この種は、Simulium亜属のS. malyschevi種群に属することがわかった。またまた、幼虫だけで結論を早まってしまった。マレー半島でS. gombakenseとS. unidensを幼虫の形態的特徴だけに基づいて、それぞれMorops亜属、Sulcicnephia属としてしまったことが思い出される。

斉藤博士の標本ではマレー半島で記載されたS. decuplum、S. brevipar、ジャワで記載されマレー半島でも記録されているS. parahiyangum、および台湾で記載されたS. quinquestriatumの4種も含まれていた。さらに、S. sakishimaense、S. nitidithorax、S. sp. Cに相当する標本も得られ、再検討した結果、それぞれ、S. fenestratum、S. tani、S. asakoaeと再同定した。この結果、タイのブユは24種になった。

1997年には、米国のAdler教授からスミソニアン自然史博物館のG. W. Courtney博士がタイで採集した標本が送られてきた。マレー半島でSulcicnephia属と誤って同定した種とその類似種の2種が含まれていた。標本は蛹と幼虫であったが、蛹の外皮のなかには羽化直前の成虫が入っており外部生殖器は完成していた。驚いたことに、このうちの1種の蛹から取り出した雌成虫はマレー半島で雌成虫に基づいて記載したS. pahangenseと同じで、その蛹の抜け殻はSulcicnephia unidensと一致した。後者をS. pahangenseのシノニムとした。また、S. pahangenseの蛹、幼虫ではないかとして記載していたのは別種ということになった。同年、マレー半島のキャメロンハイランドでこの蛹と幼虫に相当する種を採集することができ、蛹からは雌雄の成虫も得られたので、新種S. yongiとして記載した。S. pahangenseに似たもう1種は、採集者のCourtney博士に謝意を示してS. courtneyiとした。この2種は成虫の外部生殖器の形態からSulcinephia属ではなくSimulium属に属することがわかった。しかし、Simulium属の既知のどの亜属にも属しないことがわかり、Adler教授と共著の論文のなかで新亜属Daviesellumを提案した。亜属名はマレー半島で最初にS. pahangenseを採集したDavies名誉教授に捧げた。これは東洋区ではWallacellumに次いで2番目の新しい亜属となった。

この亜属にみられる新規の形態形質の一つは、雌の外部生殖器の産卵管後葉paraproctの前縁にそって備わっている鋭い刺列だ。どのような機能をしているかは不明だ。もう一つは、幼虫の腹部末節にある擬脚の吸盤の鉤爪の列数が420〜460と異常に多い点だ。この吸盤は幼虫が水中の岩や植物などに付着する役目を担っており、多くの種では80〜150列だ。この亜属の幼虫は滝など急峻な勾配の流れの速い所にのみ生息する。この吸盤の鉤爪の列数の増加は幼虫の特殊な生息水系に対する形態的適応との見方もできよう。

タイのマヒドル大学のChaliow Kuvangkadilok博士から1996年から1999年にかけてタイ各地で採集されたブユの標本が送られてきた。ブユ幼虫の唾液腺染色体の研究を始めるにあたり、最初、英国のCrosskey博士に種の同定を依頼したところ、私を紹介されたといわれた。標本には、幼虫だけではなく、蛹から羽化した成虫も含まれていた。

Simulium亜属の4新種とGomphostilbia亜属の1新種が見つかった。このうちSimulium亜属の3種は8本の呼吸管を有し、S. multistriatum種群に属する。繭がいずれも靴型をしている（図1のM）。

この種群では初めてだ。この種群の既知種はスリッパ型で前方の両側に窓をもつものばかりだ（図1のI）。

このうちの1種の雌成虫の腹部を観察して、驚いた。主受精嚢のほかに2個の副受精嚢が備わっていたのだ。ブユ科では時々異常型として2個の受精嚢が報告されているが、3個の受精嚢をもつものはこれまでに知られていなかった。「三つの袋」を意味するラテン語の「triglobus」から種名を S. triglobus とした。ブユでは副受精嚢の管だけは残っているので、もともとは3個の受精嚢をもっていたものと思われる。そうだとすれば、これは「先祖返り atavism」現象の一つだろうか。蚊やヌカカのあるグループの種は、3個の受精嚢をもっている。今回の発見はこれらほかの昆虫群との系統関係を調べる上で、なんらかの手がかりにもなりそうだ。

四つ目の新種 S. baimaii は蛹と幼虫だけで成虫標本はなかった。しかし、蛹の呼吸器官が2本の膨らんだ呼吸管を有しており、とても変わっていた。これまで2本の呼吸管をもつブユ種はアフリカや中南米で数種しか報告されていない。この種の呼吸器官の形態はこれらのどの既知種とも異なる。どの種群に含めるかは保留にして新種の記載をすることにした。のちに、本種は S. malyschevi 種群に属することがわかった。ずっと後にもう1種、2本の呼吸管をもつ類縁の新種 S. lomkaoense もタイで採集された。本種群は北方系で、どの種も普通の細い6本の呼吸管をもっているので、この2種は例外的な種である。

Gomphostilbia 亜属の新種 S. chumpornense は成虫の触角が1節少ない10節からなり S. varicorne 種群の種だ。

これらの5新種のほかに、11種が採集されていた。このうち2種は、Nevermannia亜属のS. sp. AとS. sp. Bと同定を保留にしていた種であるが、それぞれマレー半島のS. caudisclerum、ジャワで記載されたS. feuerborniと同定した。他の9種はタイでは新記録種である。1種は、ジャワで記載され、マレー半島でも報告のあるS. nobileで、ほかの8種、S. angulistylum、S. sheilae、S. dentistylum、S. gombakense、S. grossifilum、S. malayense、S. rudnicki、S. yongiは、いずれもマレー半島で記載された種である。

Chaliow博士のグループによる成果はこのように顕著で、この時点でタイのブユも40種に増えた。

2001年6月には日本学術振興会の支援でタイを3週間訪問する機会を得た。最初にバンコックのマヒドン大学理学部生物学科のChaliow博士を訪ねた。彼女の恩師でもあるBaimai教授にも紹介してくれた。ここでは、大学院生と職員向けにブユとオンコセルカ症についてセミナー形式で話をした。Chaliow博士はとても熱心に聞いておられ、セミナーのあとで私の使用したスライドの一部をもう一度見たいといわれた。それを院生が写し取っていた。

このときの院生の一人Sanae Jitklangさんは、後にGomphostilbia亜属のS. ceylonicum種群の染色体解析により博士の学位を取得している。論文作成の過程で幼虫と蛹の形態分類で協力することになった。染色体解析はAdler教授の指導をうけていた。この学位論文のなかでS. trangense、S. doisaketense、S. curtatumの3種が新種として記載された。彼女はのちに新種S. adleriの記載もしている。

このときの院生のなかにいたPairot Pramual君は、現在マハサラカム大学の教授となり若手の指導にあたりながら、遺伝子解析を主にしたブユの研究を精力的に推進している。Pramual教授らにより

S. kuvangkadilokae を含む3新種が記載された。最近の成果で注目されるのは、野外で採集したブユ雌成虫から鳥の寄生原虫である Leucocytozoon や Trypanosoma の遺伝子を検出していることだ。

２０１６年7月23日から25日には第1回のアジアのブユ科に関するシンポジウムがマハサラカム大学で Pramual 教授の主催で開催された。前年に彼がマラヤ大学に来たとき、「このような集まりができればいいな」と相談した。それを実現してくれたのだ。タイ、マレーシア、インドネシアのほか米国、ロシアからも参加者があった。米国の Adler 教授と私が招待講演を行った。参加者は20名ほどと少なかったが和気藹々の良い雰囲気のうちに終えた。2年後には第2回のシンポジウムがインドネシアのボゴール農科大学で、大分医科大学で学位を取得した Upik Kesumawati Hadi 教授によって開催された。２０２０年にはマラヤ大学で開催予定だ。ブユの研究者がお互い面識を得て共同研究が促進されることを期待したい。

マヒドン大学での短い滞在を終えた後、チェンマイ大学医学部寄生虫学講座の Wej Choochote 博士を訪ねた。彼は、マラリア媒介ハマダラカ属の分類、生態、遺伝の研究者であるが、ブユにも大変興味を示し、滞在した10日間は毎日野外調査につき合ってくれた。

このときは、新種は1種しか採集できなかった。本種は、雌成虫の腹部第7節腹面に1対の剛毛束を備えており、Simulium 亜属の S. tuberosum 種群のなかの S. rufibasis の仲間だ。この剛毛束の長さが周囲の毛より随分長く、蛹の6本の呼吸管が基部から直接分岐し、幼虫、蛹の生息水系がカルシウムに富むなど、他の既知種と異なることがわかり、新種 S. weji として記載した。種名はもちろん Wej Choochote 博士にちなんだものだ。

新種ではないが、このとき雌だけで記載されていたS. digrammicumの蛹と幼虫、蛹から羽化した雌雄の成虫が初めて採集された。繭は図1のOのように特徴的だ。また、シノニムではないかとされていたインドのS. nigrifronsとのちがいも確認できた。

短い滞在であったが、もう一つの大きな収穫は、水牛にブユの雌成虫が吸血に飛来していることがわかり、実際に水牛と人囮でブユの雌成虫を数多く採集できたことだ。

チェンマイから北に位置するチェンダオで終日のブユ調査を終えチェンマイに帰る途中の日没少し前のことだ。車内から道路脇に水牛が繋いであるのに気づき、車を止め、そこまで引き返した。水牛の持ち主が幸いなことに近くにいたので、事情を話してブユ成虫が水牛の周りに来ていないかどうか調べさせてもらった。水牛もおとなしい。なんとネットを振るとブユ成虫が何匹か採集された。あたりが暗くなってきたのでそれ以上は採集できなくなった。

その夜、「もっと多くの成虫が採集されないものか」と思い、予定を変更して翌日この場所に戻ることにした。ここはチェンマイ県ドイサケット区バンパンファンというところだ。朝10時から12時まで水牛を囮に、また12時から18時まで人囮で飛来するブユの雌成虫を捕虫網で採集した。人囮ではS. nodosumが368個体、S. asakoaeが4個体採集された。一方、水牛囮ではS. nodosumのみ24個体採集された。ブユ雌成虫が実際にかなり採集できる目安がついたので、その翌日、日の出から日没まで終日採集をやる計画を立てた。

チェンマイのホテルを早朝の5時に出て前日と同じ場所に6時少し前に着いた。人と水牛を囮として、6時から19時まで採集した。各1時間のうち45分を実際の採集にあてた。その結果、人囮では

S. nodosum が217個体、S. asakoae が86個体、S. nigrogilvum が2個体、水牛囮では、S. nodosum で416個体、S. asakoae が16個体、S. nigrogilvum が2個体、S. nakhonense が25個体、S. fenestratum が4個体採集された。

採集したブユは80%エタノールの入った小瓶に保管し、帰国後早速解剖した。その結果、人囮と水牛囮で採集されたS. nodosum の2・4%（9／377）および2・2%（5／231）がオンコセルカと思われる糸状虫幼虫に感染していることがわかった。この結果には興奮したものだ。東南アジアのブユで糸状虫の自然感染を示すのは初めてだ。

この結果に触発されたWej博士たちは、同じ場所で毎月S. nodosum とS. asakoae の成虫採集を行う一方、少し標高の高い場所でもS. asakoae とS. nigrogilvum の雌成虫を人囮で採集した。大分に送られてきた標本は同僚の福田博士と院生の石井美光君が解剖した。うれしいことに、S. asakoae とS. nigrogilvum とも糸状虫幼虫を保有していた。ただ、幼虫は、オンコセルカ属とは異なっていたが。（Wej博士の教え子のA. Saeung博士たちの最近の調査でS. nigrogilvum からは、S. nodosum から見つかったオンコセルカ幼虫と同じ種も見つかっている）。

このチェンマイ訪問はそれで終わることはなかった。Wej博士とはそれ以来、彼の院生を研修先として私たちの研究室に受け入れたり、彼自身の医学博士の学位取得を大分大学でお世話したりと、深い交流が始まった。

彼は独自のブユ採集方法を編み出し、単独でブユ幼虫、蛹の探索をタイ各地で実施するとともに、人囮による雌成虫の調査もドイインタノン国立公園内の標高の異なる5地点で毎月2回、2年間行い、貴重なデータを得ている。これらの調査には日米医学協力事業の助成金で支援させてもらった。

Wej博士が採集し、私が記載した新種は28種に上る。このうちS. oblongumとS. wanchaiiは雌成虫の咽頭部のなかほどに、これまでに見たこともない、同心円状に整然と広がる突起列をもつ。また雄の外部生殖器のparamereに棘を欠き、蛹の呼吸管も20本以上と多く樹枝状に広がる。両種は、新亜属Asiosimuliumを設けるきっかけになった。この亜属の種は、タイでさらに3種、ミャンマーで1種、ネパールで1種記載され、現在7種が知られている。東洋区で3番目の新亜属である。

この亜属のなかで、S. oblongumの雌成虫は同定が容易だ。腹部末端の尾葉cercusが後方に長く突き出ており、長さが幅の2倍もある。ブユの尾葉は、長さが幅より短いものばかりだ。このような長い尾葉はクロヌカカにもみられるが、ブユでも見られるとは想像もしなかった。

新規の形質といえば、「膨らんだ」の意味をもつラテン語「bullatus」から名付けたS. bullatumという種の蛹の呼吸器だ。本種は、Simulium亜属のS. multistriatum種群に属し、8本の呼吸管の基部が無色の風船のように大きく膨らんでいる。これはbasal fenestraと呼ばれる部位で、このように繭の入り口を塞いでしまうほどに膨らんだものは、稀だ。Wej博士も採集したときに、これを見て驚いたそうだ。同様な特徴は、ネパールのS. suchitraeでも見られた。この種はAsiosimulium亜属に属するので、この特徴は系統に関係はなさそうだ。本種は、当時カトマンズ大学の修士課程でブユを研究していたSuchitra Shresthaさんが採集した新種10種のうちの一つだ。２０１０年に発表した彼女との共著論文のなかで記載している。

Wej教授は持病の心疾患のため２０１４年2月22日に他界された。

２００９年5月に文部科学省の科学研究費でタイの南部でブユの調査を実施した。前年に心臓弁の手術を受け、術後の安静が必要だったにもかかわらず参加された。バンコクでレンタカーを雇い、マレー半島を南下しマレーシアとの国境近くまで採集して回った。彼の院生の一人Thongsuhuan君と大分大学の同僚大塚靖博士も同行した。新種２種と新記録種２種が採集され、Wej教授はとても上機嫌で元気そうだった。また、２０１３年の12月にクアラルンプールの医学研究所のセミナーに講師として出席された折にわざわざ、マラヤ大学に職を得た私に会いにこられた。いつものように冗談も言いあってとても元気そうだったので、まさか２カ月後にこのような悲運が待ち受けていようとは想像もできなかった。

訃報のメールはベトナムで調査中に受け取った。まだ50歳代の若さだ。急逝をとても信じられなかった。大分大学で博士号を取得し、教授に昇進したとき、「これからタイで一番の教授を目指す」と語っていた熱い思いを成し遂げられなかった彼の無念さを思うと、ただただ残念でならない。大きな喪失感におそわれた。冥福を祈るのみ。あとに残された彼の家族や院生たちが立ちすくみどんなに悲嘆にくれているかと思うと心配で心が塞いだ。

Wej教授の逝去で、彼の教え子で右腕でもあった若手の講師のA. Saeung博士が院生たちの蚊、ブユ、寄生虫研究の指導役を引き継いだ。大変重圧のかかるなか、残された院生たちを学位取得まで適切に指導し責任を果たしているのを見て、とても心強く思った。

Wej教授とはお互いに堅い信頼関係を築いていたので私もショックが大きかった。彼との共同研究を始めてまもなく、タイの蚊とブユの調査を目的とした英国の「Darwin Project」も始まった。彼は資金も豊富なこのプロジェクトに誘いを受けていた。しかし、それを拒否し、私たちとの共同研究を継続する方を選んでくれたのだ。彼の律儀さを示すエピソードで心を打たれたものだ。

話を２００９年に戻そう。タイ南部の調査が終わったあと、Wej 博士はチェンマイにある Queen Sirikit Botanic Garden の昆虫部を紹介してくれた。この組織は、全国の国立公園の動植物と自然環境の保全と調査を担っている。広大な敷地のなかに昆虫部の新しい建物が際立っている。案内されてなかに入ると明るい広々とした研究室がいくつもあり、そのうちの一つでは数人のスタッフが顕微鏡下で昆虫標本をグループごとに仕分けをしていた。各国立公園で定期的にマレーズトラップを用いて採集された標本だ。ブユの成虫も種名は未同定のまま70％エタノール液に保管してあった。ここの責任者は若手の学芸員 Wichai Srisuka 君だ。彼はすでにブユの新種を1種採集していた。実体顕微鏡で蛹の標本を見せてもらったが、繭の前方突起が異常に長い（図1のF）。こんな繭は初めてだ。

翌日、この新種の標本を採集したチェンダオの山の上にある支所に案内してもらい、近くの水系で新しい標本を採集した。帰国後、S. chiangdaoense として記載した。Gomphostilbia 亜属 S. asakoae 種群に属する。これが Wichai 君との初めての共著論文となった。

彼はブユの生態に興味をもっていた。早速 Wej 博士の院生となってブユの採集調査に打ち込み始めた。Saeung 博士の指導と支援のもと、彼は２０１５年にブユの多様な生態の研究で医学博士を取得した。その後も彼のブユ研究への熱意は変わることはない。今日まで彼が採集し、私が記載したブユの新種は54種に上る。このうちラオスの S. laosense、ミャンマーの S. myanmarense、S. monglaense、S. shanense を除く50種がタイで採集されている。

このなかには、Simulium 亜属のなかに新たに S. christophersi 種群を設けるきっかけとなった新種 S. atipornae も含まれる。本種はベトナムでも記録した。種群の特徴として、雌成虫の爪に小さい突起を有し、産卵弁が三角形であること、雄成虫では生殖器の把握器の基部に短い突出部分をもち、生殖板がY字状を呈する、などがあげられる。S. atipornae を含め10種が含まれる。

圧巻は S. asakoae 種群の著しい種分化の証拠を示す多くの新種の発見だ。この種群は、タイでは5種知られていた。このうち S. chiangdaoense、S. rampae、S. myanmarense の3種は Wichai 博士が採集したものだ。最近の研究でさらに21種もの新種が同定され、タイの本種群は27種に増えた。これも彼がタイ各地で採集したものだ。このときは、まず私が標本を形態学的に分け、次に福田博士にお願いして分子遺伝学的にも詳しく解析してもらった。マレーシアから帰国して最初の研究となった。

これまで東洋区では本種群は36種が知られ、国別ではベトナムの13種、マレーシアの8種が多いとされていた。タイの27種はベトナムの13種の2倍ほども多い。形態では明瞭に異なるがCOI遺伝子配列で比べるとほとんど差がみられない種も含まれる。タイにおける本種群の種分化が近年まで高い割合で進んでいたことが推測される。タイはブユの多様性の「Hot spot」と言えよう。

Wichai 博士はブユ新種の凄腕ハンターだ。既知種とのわずかなちがいでも見落とすことはない。彼が新種らしいとしてインターネットで送ってきた写真のブユはほとんどが新種であった。今後も彼の腕で新種がどれだけ増えるか楽しみだ。Wej 博士との縁で彼に出会えたのはとても幸運だった。

２０１９年にタイのブユ種のリストと検索表を作成し、Wichai 博士、Saeung 博士と私の共同で発表した。それによると、２０１８年の末までに１１０種を数える。その後、25種増えたので、現在

135種となる。内訳は、Asiosimulium 亜属で5種、Daviesellum 亜属で2種、Gomphostilbia 亜属で56種、Montisimulium 亜属で6種、Nevermannia 亜属で10種、Simulium 亜属で56種だ。

当初、鈴木先生の標本のなかで、名前を付けなかった5種のうち、S. sp. D と S. sp. E は後に S. setsukoae と S. doipuiense として記載した。S. setsukoae は、鈴木先生の奥様の名前に因む。

話はそれるが、Wej 教授からブユにまつわる珍しい風習を聞いた。森林に生きるカレン族のある部落の人たちが、ブユの幼虫と野菜を食材として胡椒と醤油で味付けした「Koh Salad」と呼ばれる料理を食しているとのこと。現地では、部落の前を大きな急流が流れ、川床は広い岩からなる。流れをせき止めて岩の表面を見ると真っ黒いシートで覆われたかのように、大きいもので体長が約10㎜弱のブユの幼虫が一面に付着していたとのこと。ブユ幼虫は、蛹になる直前の終齢で体長が最大になり、普通は4～6㎜のものが多いので、この幼虫は大きい方である。あとで調べたところ、マレー半島で新種として記載した S. rudnicki の幼虫であることがわかった。現地の人に採集したブユ幼虫を材料に料理をしてもらいお皿に盛ってもらったが、生ものなのでどうしても食する気にはならなかったとのこと。こういう機会は滅多にないと思うが、目をつぶってでも食するかどうか、好奇心旺盛な研究者でも判断が分かれるところだろう。

ブユの幼虫は、流下してくるプランクトンや落ち葉の破砕片などを栄養分として摂取して育っており、そのブユ幼虫を捕食性の他の水生昆虫や魚が餌として食する。つまり、ブユ幼虫は流水系の食物連鎖の底辺で重要な役割を担っているのだ。栄養価がどのくらいかは想像もできないが、ブユ幼虫がこのような自然界での役割以外に、食材として例外的に人にも役立っているとは思いもよらなかった。

4　ベトナムのブユ

ベトナムのブユについては長らく知見がなかった。１９９７年にR. W. Crosskey と T. M. Howard により7種が記録されたのが最初だ。同じ頃、当時大分医科大学にベトナムのハノイ医科大学から文部科学省の国費留学生として滞在していたPham Xuan Da 君が、１９９７年と１９９８年に一時帰国した際にブユを採集し、９種を新たに分布種に加えた。

ベトナムの調査は、２０１３年から２０１５年の間に4回実施した。２０１３年には、ベトナム科学技術庁生物資源研究所昆虫分類部門の Pham Hong Thai 博士と共同で北部のビンフック省のタムダオ国立公園で調査を行った。

事前に Pham 博士の計らいで、調査に必要な車や運転手、案内人などを手配してもらった。ホテルはマレーシアを出発する前に Chen 博士がインターネットで予約した。これらの調査にはマラヤ大学からは Sofan 教授、Chen 博士、Izu さん、Lau さんに私と私の妻の6名が参加した。

おりしもフィリピンのレイテ島に被害をもたらした台風がタムダオ滞在1日目にベトナムも襲い、宿泊していたホテルも停電に見舞われた。明日からの採集がどうなることかと危惧された。

しかし、なんとか蛹と幼虫を採集できた。新種は Gomphostilbia 亜属 S. asakoae 種群の2種と Simulium 亜属 S. striatum 種群の2種だ。ただ4新種のうち3種は採集標本が少なく、1個体の蛹から羽化した雄個体のみに基づく記載となった。新記録種はマレーシアで記載したS. brevipar とS. brinchangense を新たに分布種として加えることになった。

この2種は、後に染色体と遺伝子解析をする機会があり、その結果、新種S. lowi およびS. sanchayense になった。これには少し専門的になるが、説明が必要だろう。

一般的に「種」とは遺伝学的、形態学的および生態学的な特徴を共有する個体からなる集団で、ほかの類似の集団とは生殖的に隔離されている（reproductive isolation）集団をいう。ブユの場合は、生殖隔離を確かめる交雑実験ができないのでこれまではおもに形態的特徴に基づいて新種が記載されてきた。このようにして記載された種は「形態種 morphospecies」ともよばれる。ただ、ショウジョウバエと同じく、ブユの幼虫にも唾液腺の巨大染色体がみられ、その縞目模様の解析が可能なことから、逆位などの染色体上の変異の性状をもとに生殖隔離の有無の推定はもとより、種内および種間の関係や系統関係も研究されてきた。その結果、形態種のなかに、形態的に区別できないが、染色体変異の特徴では区別される複数の「姉妹種 sibling species」をもつ、いわゆる「複合種 species complex」の存在が指摘された。一方、「形態では異なるが染色体の縞目構造では同一の種 homosequential species」の存在も報告されている。今日では、さらに遺伝子解析もブユの研究に盛んに用いられるようになり、「種」のとらえ方も従来とは異なる展開になってきている。

右の2種の例も、このような染色体および遺伝子解析による詳しい検討の結果である。S. lowi は染色体解析で逆位の性状から、マレーシアのS. brevipar とは生殖隔離があると解釈された例だ。一方、S. sanchayense は、ＣＯＩ遺伝子解析で、マレーシアのS. brinchangense とは一定の差異があるとされ、新種にされたものだ。ただブユの場合、どの遺伝子の配列を用いるかで結果にちがいがあり、また同じ遺伝子でも、比較の対象となるブユの種群によっても結果が異なる場合があるので、「何％以上の配列のちがいをもって別種にする」というような目安が決められているわけではない。

今回の調査のもう一つの収穫は、幼虫や蛹を採集中に、私たちの周りに誘引されたブユ雌成虫をネットで捕集できたことだ。29個体と捕集数は少なかったが、マラヤ大学に戻りよく調べたところ、新種1種を含む6種が入っていた。1種はGomphostilbia亜属のS. asakoaeで、ほかの種はSimulium亜属だった。新種にはS. vietnamenseと名づけた。ほかの4種は新記録種だ。台湾で記載したS. chungi、マレーシアで記載したS. grossiflum、タイで記載したS. maenoiとS. doipuienseだ。これらの結果は、今後のベトナムにおける糸状虫感染の研究が可能であることを示しており、最初の調査としては良い兆候だった。

2回目の調査からはDaさんが共同研究のカウンターパートになってくれた。Daさんは、帰国後、30代の若さで厚生省の国立研究所の所長に抜擢された優秀な人材だ。

2014年には中部ツァティエンフエ省と南部のラムドン省、さらに北部のランカイ省、2015年には北部のヌゲ省などで調査を実施した。調査の結果は上々で、38新種を得た。新記録種も含めて、現在ベトナムのブユは73種を数える。これらは、次の4亜属に分類される。Gomphostilbia（26種）、Nevermannia（8種）、Montisimulium（1種）、Simulium（38種）。

このなかで特記されるのは、北部のサパでMontisimulium亜属が初めて記録されたことだ。

さらに、南部のラムドン省で採集されたNevermannia亜属のS. feuerborni種群の3新種のうち

S. phamiでは、蛹の呼吸管数が通常の6本ではなく5本だったことだ。このように、呼吸管数が減っているだけでなく、奇数なのは、ブユでは大変珍しい。

また、Gomphostilbia亜属のS. asakoae種群とSimulium亜属のS. tuberosum種群がおのおの13種と11種と多数の種が分布していることも注目される。同一種群の種の多さではタイに次ぐ。

ベトナムは南シナ海に面して南北に細長く、内陸部には高い山も多く、自然環境の多様性に富む。分布種の多さは予想できた。しかし、これまで記録されたブユ種の大半が新種であったことは意外であった。当初、タイと地続きであるために、共通の種が多く、新種は少ないのではないかと予想していたからだ。タイに分布するAsiosimuliumやDaviesellumの2亜属を除けば、亜属や種群レベルでは共通性が高いことがわかった。

一方、海を挟んだフィリピン群島のブユ相とはかなり異なる。フィリピンのブユ相を特徴づけているWallacellum亜属やGomphostilbia亜属のS. baisasae種群、S. ambigens種群、S. banauense種群、Simulium亜属のS. melanopus種群などは、ここでは採集されていない。

ベトナムのブユについては、まだまだ調査が十分とは言えない。しかし、おおまかではあるが、ブユ相の特徴を把握できたのは大きな進展であった。

じつは、社会主義体制下の国で果たして海外からの調査が可能なのか、その手続きはどうすればよいのか、などの心配があったが、Daさんの協力のお陰で、問題なく終わった。

このほかに、ベトナム戦争の負の遺産ともいうべき、無数の不発弾や枯葉剤の影響のことも野外主体の調査には懸念された。幸い、ブユ採集中に不発弾や地雷を踏むような危険な目には合わなかった。密林は青々と茂り、渓流も普段と変わらず静かに流れ、ブユや他の生物の棲み家を提供している。枯葉剤で汚染されたはずなのに表面上はその痛々しい痕跡を見つけることはできなかった。時の流れで自然の生態系は本当に回復したのだろうか。

ホーチミン市の戦争博物館や郊外の山麓に残る縦横に掘られた当時のベトコンのトンネル地下要塞などを訪ね、つい40数年前まではここが戦場だったことに改めて思いを巡らせた。平和のありがたさを痛感する。

第九章　南太平洋のブユを探る

1　ソロモン群島のブユ

１９９４年に、当時長崎大学熱帯医学研究所の鈴木博先生より南太平洋に浮かぶソロモン群島のガダルカナル島とその近くの島で採集されたブユの標本が送られてきた。

鈴木先生は１９９２年からマラリア制圧対策国際医療協力プロジェクト（ＪＩＣＡ）のチームリーダーとして当地に滞在され、マラリアの媒介蚊の研究のかたわらブユの採集もされていたのだ。先生は、専門のツツガムシやマダニだけでなく、蚊、アブ、ヌカカ、ブユ、蛇など他の衛生昆虫や有害動物の採集や生態観察にも熱心で、いわゆる博物学者の名がふさわしい研究者である。同時に御自身の国内外での豊富な経験をもとに『クロウサギの棲む島』や『熱帯の風と人と』などの著作もある感性豊かなエッセイストだ。

これまでブユに関しては、ソロモン群島のほかに、小笠原諸島やモンゴル、タイで採集された貴重な標本もいただいた。タイのブユに関しては先に述べた。

ソロモン群島のブユについては１９７１年にA. StoneとM. Maffiによりガダルカナル島から*S. sherwoodi*と名前のついていないもう1種が報告されていた。いずれもオーストラリア区固有の*Morops*亜属の種とされていた。

今回、鈴木先生により採集されたブユは9種同定された。このうち2種は*Morops*亜属の*S. sherwoodi*と*S. papuense*だった。後者は、セラム島とイリアンジャヤで採集した呼吸管数の多い種だ（図5のI）。

残りの7種のうち4種も*Morops*亜属で*S. clathrinum*種群の新種だ。蛹の呼吸器官の基部近くにくぼみをもっているのが特徴だ（図5のA参照）。

一方、残りの3種のうち1種は、蛹の呼吸管が6本で*Morops*亜属の*S. sherwoodi*に類縁の新種だ。*S. noroense*と名づけた。もう1種は雄成虫の胸部の膜質部と下胸部に微毛を有することから*Morops*亜属に、そして蛹の呼吸管が5本でそのうち1本が膨らんでいることから*S. farciminis*種群に入れ、新種*S. kerei*として記載した。（本種は、後にブーゲンビル島のブユを調べる過程で、雄成虫の生殖板の後面が有毛で棘parameral hooksをもつことや、蛹の腹部の端末鉤terminal hooksが幅広い、などの特徴から*S. sherwoodi*や*S. noroense*の仲間であることがわかり、*S. sherwoodi*種群に移した。蛹の呼吸器官の特徴だけをみれば*S. farciminis*種群の呼吸器官（図5のB～E）によく似ており、眼をくらまされた例の一つだ）。

残った1種は新種であることはまちがいないのだが、どの亜属に入れるべきか悩ませる形質をもっていた。最終的には、成虫胸部の膜質部に微毛を欠き、下胸部が有毛、雄の生殖板ventral plateの後面が有毛、受精嚢が楕円形である点などを考慮して、*Gomphostilbia*亜属に入れた。

この亜属の定義にまったく合わないいくつかの形質とはなにか。第一に、成虫の翅の径脈基部が雌では有毛で雄では無毛。これは Simulium 亜属 S. striatum 種群のいくつかの種にみられる特徴だ。第二に、雄の生殖器の棘 parameral hooks がない。これは、Morops 亜属や Asiosimulium 亜属の特徴と一致する。第三に、蛹の腹部第6節と第7節腹面の左右にある1対の鉤状の棘のうち外側の棘を欠く。これは Wallacellum 亜属や Simulium 亜属の一部の種の特徴でもある。Gomphostilbia 亜属のなかでも稀にしか見られない形質もあった。黄色い成虫の胸部、キノコ状をした蛹の腹部の端末鉤 terminal hooks や側縁に小突起列を有する幼虫頭部の口下板 hypostoma などだ。

もっとも驚いたのは、幼虫腹部第7節背面中央の円錐状の突起だ。幼虫腹部背面に対になった突起をもつ種は Gomphostilbia 亜属や Simulium 亜属の S. striatum 種群や S. multistriatum 種群のいくつかの種でも報告がある。この新種の幼虫でも腹部第7節以外に第1節から第4節背面に同様な突起がみられるが各節で対になっている。1個の突起だけを背面中央にもつブユ種は本種以外にはこれまで世界で知られていない。

要約すると、いくつかの系統の異なる既存のグループの特徴を合わせて体現し、その上唯一無二の独自の形質まで備えている不思議な種といえよう。私がこれまで見てきた数多くの新種のなかでもっとも謎めいた種だ。この新種の種名は採集者の鈴木博先生の名を冠して S. hiroshii とした。

本種は、現在は Gomphostilbia 亜属の14の種群の一つ S. hiroshii 種群に含まれるが類縁種は見つかっていない。また、この種は Gomphostilbia 亜属の種としては S. sherwoodi とともに地理分布上最も東に位置する。

２００６年には、アルバータ大学のCraig名誉教授がソロモン諸島で自ら採集した標本を見せてもらった。数種の既知種とは別に、注目したい１種が含まれていた。この種は幼虫１個体だけであったが、終齢なので蛹の呼吸器官がほぼ出来上がっていた。１本の棍棒状の膨れた呼吸管と基部から出ている２本の細い紐状の呼吸管から成る。S. kereiに似ているが、細い呼吸管が２本と少ない。幼虫のほかの特徴はGomphostilbia亜属と共通する。成虫と蛹の標本はないが、S. sherwoodi種群に入れ、S. rhopaloidesとして新種の記載をした。

この種を入れてソロモン群島のブユは10種となった。

ソロモン群島はガダルカナルなど六つの大きな島と９９０の小さな島々からなる。大きな島は深い密林に覆われており、いくつもの河川が狭い峡谷を流れる。アクセスが困難なこともあり未調査のまま残されているところが多い。今後、調査がすすめば、ブユの種類数ももっと増えることが予想される。

（Craig名誉教授は、生まれ故郷のニュージランドのAustrosimulium属の再検討のほか、南太平洋のバヌアツ、タヒチ、マルケサス諸島などに固有の2亜属Hebridosimuliumと Inseliellumに属する新種を69種記載している。最近注目されたのは、２０１８年にBunyipellum、Ectemnoides、Nothogreniera、Protaustrosimulium、２０１９年にAustrocnephiaの5新属をオーストラリアから報告していることだ。これは、オーストラリア区でこれまで長らく帰属不明であった種や新たに採集された新種を詳細に分類学的に検討したもので高く評価されている）。

2　ブーゲンビル島のブユ

１９９４年には英国自然史博物館の Crosskey 博士から同じ南太平洋のブーゲンビル島のブユの標本も送られてきた。博士が１９６５年に採集したものと、オーストラリアの大学院生 Catherine Yule さんが１９８７年から１９８９年にかけて集めたものだ。

Yule さんは、博士論文研究のためブーゲンビル島に滞在していたが、１９８８年以降、自治、独立をめぐって政情が不安になり、やむなく研究を断念し、島を離れた。それまで集めたブユの標本を英国自然史博物館に寄贈したとのことだった。

ブーゲンビル島はパプアニューギニアの東方に位置し、その南には先に記したソロモン群島が連なる。行政的にはパプアニューギニアの自治州だ。

標本を調べたところ、７種が含まれ、そのうち２種はソロモン群島で記載された *S. noroense* と *S. hiroshii* であることがわかった。残りの５種のうち２種は Morops 亜属の *S. clathrinum* 種群の新種で、ほかの３種は *S. noroense* の仲間であった。この３種には採集者の Yule さんから *S. yuleae*、Crosskey 博士の奥様の Peggy さんから *S. peggyae*、そして場所名 Panguna から *S. pangunaense* と名づけた。いずれも Morops 亜属としては雄の外部生殖器に棘 parameral hooks を有するなど異質のグループなので、*S. sherwoodi* 種群を新たに提案した。（前にもふれたように、この種群は２００３年に Gomphostilbia 亜属に移すことになった）。

ブーゲンビル島では *S. sherwoodi* 種群の４種が採集された。それぞれの種の蛹の呼吸器官の観察から、面白いことが推測できた。すなわち呼吸管の数の変化と一部の呼吸管の肥大化の程度に注目した。S. noroenseでは呼吸管は6本で、すべて細い。S. yuleaeでは6本の呼吸管のうち下部の2本が膨らんでいる。S. peggyaeは一見したところ5本の呼吸管をもち、下部の1本だけが膨れ、その先端が2本の細い管に分かれるものもある。S. pangunaenseでは呼吸管は5本で下部の1本は膨れて短く、ソロモン群島で記載したS. kereiの呼吸器官によく似ている。

スラウェシ島でのSimulium亜属S. variegatum種群の11種の呼吸器官の変化と同じく、呼吸管の数が多いより少ないほうが、また細いものより膨れている方が新しい形質だと仮定すれば、ブーゲンビル島でのS. sherwoodi種群の4種はS. noroense、S. yuleae、S. peggyae、S. pangunaenseの順に種分化が進んだのではないかと推測される。このような例には滅多に出会うわけではないので、つくづく幸運だったたと思う。

このS. sherwoodi種群を含め、これまでいくつかの種群や亜属で様々な形態を示す蛹の呼吸器官をみてきた。これほどの多様な呼吸器官がほんの数日の蛹の期間のためになぜ必要なのか、不思議に思う。

ここでは、さらに特記すべき珍しい形質にお目にかかった。S. yuleaeの蛹の腹部末節にある端末鉤terminal hooksでは左右の鉤が板状に横に長く伸びているだけでなく、中央で融合しているのだ。思わず「こんなものもあるのか」と目を疑った。世界のどのブユ種をみても、そこまで特化した端末鉤をもつものはいいない。

話はそれるが、後にYuleさんはマレーシアのMonash大学に職を得て、マラヤ大学のYong教授と共同の編者として『Freshwater Invertebrates of the Malaysian Region』という学術書を出版している。これは、水生動物66グループを20か国80名の各分野の専門家が概説した861頁の大著だ。私は、ブユを分担執筆させてもらった。この著書の作成過程で互いに連絡を取り合うなかで、Yuleさんは、自分の採集したブユ標本がCrosskey博士から私へと回り、5種の新種の記載を主とした一編の論文として形をなしたこと、また新種の一つに彼女の名前がつけられていることを知り、とても喜んでくれた。これも何かの縁だなと思った。

この島ではその後調査は行われていない。もしCrosskey博士から標本が送られてこなければ、この島のブユは不明のままに終わっただろう。苦労して採集した標本。無駄にしたくない。Yuleさんの気持ちはCrosskey博士に伝わったようだ。

第十章　ブユの戸籍をつくる

　1970年代当時、東南アジアではブユの研究は少なく、多くの地域が未調査のまま残されていた。そのため調査のたびに、思いのほかたくさんの新種が採集された。野外調査から戻ると早速、採集した標本を顕微鏡で観察し、新種が含まれていれば記載をして論文にまとめる。

　新種とは世界で知られているすべての種と異なる特徴をもつ種をいう。新種との出会いは、その都度新しい何かを教えてくれる。今まで誰も報告したことがない新奇な形態的特徴をもった新種と出会ったときは、特にうれしい。こんな形質もあるのかとその多様性に驚かされる。さらに、形態的特徴の類似度からほかの種との類縁関係や、どの国・地域で発見されたかで生物地理学的情報も教えてくれる。それらの情報が蓄積されると、特定の種群や亜属の起源や地理的分布の拡大した方向を推測することも可能になる。

　論文に発表された新種の学名は命名者、分布する地域・国名とともに毎年更新される世界のブユの種リストに登録される。新種ブユの記載をすることは、いわばブユの戸籍作りだ。この戸籍作りに携わる研究者は多くはない。特に私がよく訪れた東南アジアや南太平洋地域ではほとんどいないといってよい状況だ。ブユの戸籍がいつ完成するか見当もつかない。しかし、少しでもこれを完成に近づけるためには、それぞれの持ち場となる地域で一つひとつ新種の記載を積み重ねていく以外にない。ある地域や国別に分布するブユの種類を系統的にまとめた情報は、「ブユ相」といわれる。ブユ相は、単に種類を年代別に羅列した種のリストではなく、雌雄成虫の外部生殖器の形態やその他の重要な形質の特徴を基準にして、すべての分布種を属や亜属、さらに種群などの階級に分け、系統的な体系として提示されたものである。すなわち、この分類体系は、どの種がどのような系統に属するのかを明示するものだ。さらに、各種の形態の特徴を用いた種の同定のための検索表も作成されておれば、より実用的である。

この分類体系は不変のものではなく、常に見直され、過去の進化の歴史を反映したものにできるだけ近づけていく努力が必要である。検索表も新種が加わるたびに改定が必要だ。このようにしてブユ相が最新の分類体系として充実してこそ、そのあとの生物地理学的、生態学的、系統遺伝学的研究や病原体伝播の研究なども展開が可能となる。ブユ相を解明し、分類体系を整えること、すなわち、戸籍作りは、多くの研究に欠かせない土台を築いていることでもある。ブユ相解明が不十分だったり、分類体系が古かったり、信頼がおけないようでは、その後の研究の進展など望めない。分類学者は、このような重要性を十分に認識し、責任感をもって新種の記載や分類体系の構築に臨むことになる。

私は、記載論文を書き終えるたびに小さな責務を果たした達成感を覚える。この地球上でこれまで誰にも知られずひっそりと生き延びてきた小さな生命体。発見され登録されても世間から注目されることはまずない。そんな新種ブユを見る機会は、私が最初で多くの場合は最後であろうから、ある種の愛おしさもある。ブユの研究をこれほど長く続けることができたのは、次にどのような新種に会えるのかという期待感や、新しい形態形質をもった新種に出会ったときの喜びのほかに、このような達成感や愛おしさがあったからかもしれない。

地球上の昆虫は知られている種だけでも少なく見積もっても約１００万種といわれている。世界のブユが２３３１種。昆虫全体からすると０・２％にしかならない。こんなに小さな小さな世界に50年も引き込まれていたのかと思うと、可笑しくもあるが。

後記

これまで謎に包まれていたブユの世界だが、調べてみるとじつに奥が深い。私たちの研究で知りえたことは微々たるものだ。まだまだ未知の部分が多く残されている。興味は尽きない。

一方で、これまでの研究で人間社会にどれほどの貢献ができたのだろうか。強いてあげれば一つは、中米のグアテマラで医療協力プロジェクトに参加できたことだ。同国の流行地からオンコセルカ症を無くすことに幾分かは役立ったのではないかと思う。二つ目は、人獣共通オンコセルカ症の伝播様式を解明し、本症を「新興寄生虫感染症」として位置づけ、その診断、予防対策まで踏み込めたことだ。さらに、本症に関連してタイでは予知的研究も展開できた。これは、新たな感染症の発生を予測するもので、今後類似の研究の重要性が再認識されることと思う。三つ目は、東南アジアや南太平洋のブユの研究で得られた知見だ。そのいくつかは、今後の生物多様性や陸水生態系解析の基礎データとして地球自然環境保全のために役立つものと信じたい。

アジア、中南米、西アフリカなどのさまざまな国々の空気を吸い、多くの人びとと出会い、直接見たり感じたりして得られた体験はとても貴重で、私の視野を広げ、内面の成長の糧となった。

共同研究を進めるにあたり、御教示や御支援を賜った多くの先生方、惜しみない協力を得た同僚や大学院生、直接、間接にお世話になった、ほかの大勢の方々に感謝の意を表したい。

本の出版にあたり、第七章の原稿を読んでいただき、また図のスキャンなどでお世話になった大分大学の福田昌子先生、および編集・校正の過程で丁寧な対応をしていただいた明石書店編集部の安田伸氏、黒田貴史氏に感謝申し上げる。

最後に、終始支えてくれた妻、朝子に心から「ありがとう」と言いたい。

参考文献

1　高岡宏行「南西諸島におけるブユの分類、分布および生態―ブユの採集、標本作成、形態観察、同定ガイド」（２００２年、衛生動物53巻、増刊号2号55～80頁）。
2　高岡宏行「オンコセルカ症」（２００４年、日本獣医師会発行「共通感染症ハンドブック」１０８～１０９頁）。
3　高岡宏行「オンコセルカ症―今、世界と日本で」（２００４年、医学のあゆみ、現代寄生虫病事情シリーズ２１１巻9号８９９～９０３頁）。
4　高岡宏行「オンコセルカ症とブユ」（２００７年、昆虫と自然、特集「熱帯病と昆虫」42巻3号18～22頁）。
5　高岡宏行「東洋区のブユ―分類、形態形質の変異、地理的分布およびフィラリア媒介」（２０１５年、衛生動物66巻4号１４３～１６５頁）。
6　高岡宏行「中米グアテマラにおけるオンコセルカ症伝播ブユ―その研究のあゆみと最近の知見」（１９８２年、日本熱帯医学会雑誌１０巻1号1～22頁）。
7　高岡宏行「中南米における河川盲目症の分布と媒介ブユ」（１９８９年、東海大学出版会発行「病気の生物地理学」１０１～１１１頁）。
8　高岡宏行「エクアドルのオンコセルカ症―その疫学的意義と伝播について」（１９８７年、熱帯20巻１０５～１１２頁）。
9　高岡宏行「本邦における人獣共通オンコセルカ症―その起因種と媒介ブユ」（２０１５年、衛生動物66巻2号23～30頁）。

病原体と疾病の名称

学名

和名

その他の昆虫の種名

U

V

W

Y

和名

あ行

か行

索　引

（ブユの場合は学名のS.のあとのつづりでABC順に並べた）

ブユ索引

学名

〈著者紹介〉

髙岡宏行（たかおか・ひろゆき）

大分大学名誉教授、日本衛生動物学会名誉会員、日本熱帯医学会功労会員、医学博士。

大分県由布市に妻と二人暮らし。1945年熊本県菊池市生まれ。

濟々黌高校卒業。九州大学理学部生物学科卒業。同大学大学院理学研究科生物学専攻中退。

鹿児島大学医学部医動物学講座助手、講師。大分医科大学医学部（後に大分大学と合併）助教授、教授。マレーシア国立マラヤ大学理学部生物科学研究所教授、同大学熱帯感染症研究教育センターリサーチフェロー。

第38回日本衛生動物学会賞（1995年)、第2回宮崎一郎研究奨励賞（1996年）受賞。

『昆虫による病原体伝播のしくみ』（1997年、南山堂）、『Blackflies and Parasitic Diseases』（2016年、マラヤ大学理学部生物科学研究所）など21編の単行本（共著、分担も含む）、『The Black flies (Diptera: Simuliidae) of Sulawesi, Maluku and Irian Jaya』（581頁、2003年、九州大学出版会）など、フィリピン、マレーシア、インドネシア、タイ、ベトナム、ネパールのブユの分類に関する英文モノグラフ9編、総説8編、英文原著論文346編（内、筆頭著者216編)。

吸血昆虫ブユの不思議な世界

――謎めいた新種の発見と新興寄生虫感染症の解明――

2020年9月30日　初版第1刷発行

著　者　高　岡　宏　行
発行者　大　江　道　雅
発行所　株式会社 明石書店
〒101-0021 東京都千代田区外神田6-9-5
電話 03（5818）1171
FAX 03（5818）1174
振替　00100-7-24505
http://www.akashi.co.jp/
装　丁　明石書店デザイン室
印　刷　株式会社 文化カラー印刷
製　本　本間製本株式会社

（定価はカバーに表示してあります）　ISBN978-4-7503-5063-9

ビッグヒストリー
われわれはどこから来て、どこへ行くのか
宇宙開闢から138億年の「人間」史

デヴィッド・クリスチャン、シンシア・ストークス・ブラウン、クレイグ・ベンジャミン 著
長沼毅 日本語版監修　石井克弥、竹田純子、中川泉 訳
A4判変型／並製／424頁／オールカラー　◎3700円

最新の科学の成果に基づいて138億年前のビッグバンから未来にわたる長大な時間の中に「人間」の歴史を位置づけ、それを複雑さが増大する「8つのスレッショルド（大跳躍）」という視点を軸に読み解いていく、ビッグヒストリーのオリジナルテキスト。

内容構成

序章　ビッグヒストリーの概要と学び方
第1章　第1・第2・第3スレッショルド：宇宙、恒星、新たな化学元素
第2章　第4スレッショルド：太陽、太陽系、地球の誕生
第3章　第5スレッショルド：生命の誕生
第4章　第6スレッショルド：ホミニン、人間、旧石器時代
第5章　第7スレッショルド：農業の起源と初期農耕時代
第6章　小スレッショルドを経て：都市、国家、農耕文明の出現
第7章　パート1　農耕文明時代のアフロユーラシア
第8章　パート2　農耕文明時代のアフロユーラシア
第9章　パート3　農耕文明時代のその他のワールドゾーン
第10章　スレッショルド直前：近代革命に向けて
第11章　第8のスレッショルドに歩み入る：モダニティ（現代性）へのブレークスルー
第12章　アントロポシーン：グローバリゼーション、成長と持続可能性
第13章　さらなるスレッショルド？：未来のヒストリー
「ビッグヒストリー」を味わい尽す［長沼毅］

生命の起源　地球と宇宙をめぐる最大の謎に迫る
ポール・デイヴィス著　木山英明訳　◎2800円

虫のフリ見て我がフリ直せ
養老孟司、河野和男著　◎1800円

大杉栄訳　ファーブル昆虫記
ジャン＝アンリ・ファーブル著　大杉栄訳　小原秀雄解説　◎6000円

福岡伸一、西田哲学を読む　生命をめぐる思索の旅　動的平衡と絶対矛盾的自己同一
池田善昭、福岡伸一著　◎1800円

グローバル環境ガバナンス事典
リチャード・E・ソーニア、リチャード・A・メガンク編
植田和弘、松下和夫監訳　◎18000円

医療にみる伝統と近代　生きている伝統医学
津谷喜一郎、長澤道行著　◎3000円

教育のワールドクラス　21世紀の学校システムをつくる
アンドレアス・シュライヒャー著　経済協力開発機構（OECD）編
ベネッセコーポレーション企画・制作　鈴木寛、秋田喜代美監訳　◎3000円

10代からの批判的思考　社会を変える9つのヒント
名嶋義直編著　寺川直樹、田中俊亮、竹村修文、
後藤玲子、今村和宏、志田陽子、佐藤友則、古閑涼二著　◎2300円

〈価格は本体価格です〉